策　略

戈旭皎　著

图书在版编目（CIP）数据

策略 / 戈旭皎著 . — 长春：吉林文史出版社，2019.7（2023.6 重印）

ISBN 978-7-5472-6488-1

Ⅰ . ①策… Ⅱ . ①戈… Ⅲ . ①成功心理—通俗读物 Ⅳ . ① B848.4-49

中国版本图书馆 CIP 数据核字（2019）第 165518 号

策　略

著　　者　戈旭皎
责任编辑　陈春燕
封面设计　韩海静
出版发行　吉林文史出版社
地　　址　长春市福祉大路 5788 号
印　　刷　德富泰（唐山）印务有限公司
版　　次　2019 年 7 月第 1 版
印　　次　2023 年 6 月第 2 次印刷
开　　本　880mm × 1230mm　1 / 32
字　　数　120 千字
印　　张　6
书　　号　ISBN 978-7-5472-6488-1
定　　价　38.00 元

前 言

在日常的生活和工作中，你是否也曾有过这样的困惑：同样一个问题，A 没有解决，而 B 换了一种方式，问题便迎刃而解了；同样一句话，A 说出来很刺耳，而 B 换了一种说话方式，便让人如沐春风。

为什么会这样呢？答案其实很简单：因为 B 懂得策略。

简单来说，所谓的策略，其实就是指能够达成目标的方法，它和古代兵法中所说的“用兵之道，攻心为上，攻城为下；心战为上，兵战为下”有异曲同工之处，它能够帮助我们占尽先机，洞悉他人心理，更好地达成目的，让我们的人生旅途少走弯路。

如今，随着科技的飞速发展和社会的不断进步，我们的生活也正发生着翻天覆地的变化，而要想在这个日新月异的时代站稳脚跟，要想在激烈的市场竞争中赢得一席之地，在日益复杂的社会生活中如鱼得水，就必须拥有策略思维，拒绝盲目地“瞎干”，懂得一些方法和技巧。

例如，在职场中，明白什么话该说，什么话不该说，不是口无遮拦地跟谁都有一说一；在人际交往中，能够迂回婉转，见招拆招，跟谁都聊得来，而不是见人就“竹筒倒豆子”或者处处招摇显摆；在制定目标时，具有前瞻性并兼具可行性，不是凭空捏造，毫无依据，想到什么做什么；在执行计划时，能够抓住重点，掌握分寸，不是声东击西，懒散忙碌，三天打鱼两天晒网；在管理团队时，懂得识人用人，对症下药，而不是颐指气使或做“老好人”……

总之，这世上的一切都是有章可循的，并不是随意散漫的。要想打破苟且，更好地活出自己的“诗和远方”，就必须告别鲁莽行事，认真学习为人处世的章法，制定一套合乎情理而又精准高效的策略。

说到这里，可能很多读者又会发出这样的疑问：究竟应该怎样去制定策略呢？这也正是本书的重点讲解内容。阅读此书，相信关于策略的一切疑惑，您都能够从中找到答案。

本书从目标、执行、管理、沟通、社交、职场、生活七大场景出发，深入浅出地论述了策略的概念、特点、意义及在日常生活中的实际运用和培养与精进，语言生动，案例详实，旨在帮助大家培养策略思维，告别行事盲目，走上人生巅峰。

阅读此书，相信您一定会对策略有一个全新的了解，并找到人生新的方向和新的风景。

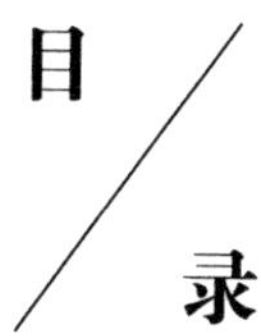

目录

Part 1
在复杂的环境中，形成具象的策略思维

Part 2

运用策略技巧，在人生博弈中扩大胜面

第 6 章　社交策略：“深耕”属于自己的社交关系，拥有有价值的人际关系

第 7 章　职场策略：破解职业倦怠，把工作折腾成自己想要的样子

Part1

在复杂的环境中，形成具象的策略思维

第1章 都在说策略，策略到底是什么？

策略是达成目标的重要手段，对于一个人的成长和成功具有深远的意义，它在人们的日常生活与工作中已经具有越来越重要的作用。如今，已经有越来越多的人正逐渐认识到策略的重要性并走上了策略思维的培养之路。而要想真正的理解策略，掌握策略，还是要从策略的基础知识开始。

策略是达成目标的手段

相信不少新人在学习策略时，会困扰“为什么他们口中的策略和我想的不一样？”

如今，虽然人人都在说“策略”，但如果你抓住一个人问他：“什么是策略？”他一定会是一种好像知道但又说不出口的样子。

那么，“策略”真的是只可意会不可言传的吗？

当然不是。

◆关于“策略”的概念，千人千面

对于“策略”二字的概念，犹如一千个人眼里有一千个哈姆雷特一样，每个人对它的理解都不一样。概括下来，有两类答案出现最多：

一类是把策略看作某方面的一个点或一个方案。例如，广告策略中的重点信息，通过这个点去解决问题进而达成目标。

第二类是把策略看作一个整体的过程，并非单独的点。这个过程包括思考、洞察、创意、执行等方面。

两种截然不同的描述，哪种才是正确的呢？

其实，这两种描述都是正确的，只是所持的立场与角度不同，因而出发点不同。若想弄清楚策略的具体概念，当务之急便是要了解对方口中说的是策略思考还是策略结论。

“思考”是动词，是对一件事物进行考虑的一个过程；而“结论”是名词，是深思熟虑后得出的最终结果。策略思考是指“了解状态——设定目标——确定解决方案的一个思考、分析的过程”；而策略结论则是指“策略思考的最后一步——确定解决方案。”

若没有弄清楚策略思考与策略结论的具体定义，就很容易将两者混为一谈，产生歧义。

例如，小飞问同事小军：“关于这个问题，你的策略是什么，能说说吗？”

小军一听这话，蒙了，反问小飞：“请问你口中的策略是指‘策略思考’，还是‘策略结论’呢？”

这便是没有弄清两者之间的定义所带来的尴尬。从这段对话中，我们可以得出这样一个结论：策略其实就是一个模糊笼统、非常抽象且不具体的概念。

◆策略是达成目标的手段

如果非要给你我口中的“策略”下一个定义，那么最正确的定义是：策略是达成目标的手段。

这样听起来是不是觉得容易理解一些？如果还是不懂，不妨先看看下面的例子，或许就能一目了然。

就以下班回家的方式为例，有坐公交车回家、打的回家、走路回家三种方式。但无论采取的是哪种方式，“回家”都是我们的终极目标，而方式便是我们的“策略”。

至于选择什么样的方式回家，则取决于我们对目标的设定。如果想早点回家，打的无疑是最省时省力的策略；如果不赶时间又不想花钱坐公交车，那走路回家也是一个不错的选择。

之所以举这个例子，是想说明策略和目标之间的关系，即目标决定着策略的选择。

◆一个有效的策略前提是目标设定合理

在上面关于如何回家的这个例子中，我们还要考虑一点：打的回家，钱包和手机里有没有钱。如果没有钱，那么想要达到早点回家的目标也就难以完成。

再以开发房地产为例。如果仅有目标和市场，却没有地段、产品、环境来支撑，那么再高价的目标也是徒有虚表，这种违背了市场规律的目标设定也是不合理的，显然无法承托起高价的目标。

所以，我们需要明白：一个有效的策略前提是目标设定合理。只有这样，策略才能围绕着目标出发，才能由始至终贯穿整个目标。

策略是方法+方式+手段

在1.1节里，我们说了策略是达成目标的手段，并对其概念做了解释。但也说了策略的概念是千人千面的。除了这一概念，目前来说，还有一种关于策略的概念也是被说得最多的。

例如，父母催问我们与谈了五年的男友打算何时谈婚论嫁，而男朋友却没有结婚的打算时，这时我们该用何种手段或方法让对方承诺结婚呢?

这就是大多数人眼里策略的概念，即方法、方式、手段的综合。

对此，有的人可能会这样做:

威逼利诱，如果不同意结婚，就用分手来威胁他！这是策略一。

不着急，大不了在身边一直陪着他，直到他自己想通为止。这是策略二。

动员身边的亲朋好友去说服男友。这是策略三。

除此之外，还有一些策略也可以帮助我们达到催婚的目的。

例如，将策略一和策略三综合，在威逼利诱不结婚就分手的同时，再动员亲朋好友去劝说，这种综合后所延伸出来的方法便可以称为策略四。

可以说策略是达成目的的一种方法+方式+手段，但方法、方式、手段有很多种，因此我们需要选择一种最便捷有效、风险性最低的方法去促进目的的达成，而这也是最考验人的一个环节。

如果还不能理解，我们再举一个例子来说明一下。

假设一个产品没有任何知名度，那么想要这件产品被更多人熟知，就要用到以下策略。例如，策略一，购买广告媒体展位，在公众场合高频率曝光；策略二，花重金请一些明星做代言人；策略三，给小区居民送一些赠品。

以上三点策略都可以打响产品知名度。当然，我们也可以将这三点策略综合后再加以使用，这便可以称为策略五。

◆策略不是推广形式

虽然策略可以打响产品知名度，但我们也要明白策略并不是推广形式。但在这方面，却有很多人在工作中时常把策略与推广形式弄混淆。

例如，一个品牌如果不被消费者认可，而公司又急需提升品牌的知名度，这种情况下应该怎么做呢?

有人提议找KOL（意见领袖）背书，可运营经理说："这事风险太大，如果KOL本身不被消费者接受，就会对自己的品牌产生一些不良的影响。"

这时又有人提议拍短视频，在视频中宣传品牌的优势；或者做一个H5，开发一款游戏软件等。但无论是以上哪种，其实都是把策略与推广形式混为一谈的情况。

说到这里，我们先来看一个有趣的案例：

一家日化品牌公司向市场推出了一款新颖奇特的马桶清洁剂，该清洁剂在清洁马桶时不仅可以散发出一股清香扑鼻的香味，还可以黏在马桶的内壁保持美观性。可投放市场没多久，该产品就从最初的销量暴涨变成了持续下滑，市场部员工经过一番走访调查后发现，使用过的消费者并不喜欢这款产品，因而也不愿意推荐给身边的人使用。

究其原因，就在于这个黏在马桶内壁的清洁剂容易引起去污残留，如果不借助外部工具，就很难彻底清除。因此，使用过的消费者受此困扰，便不想再接着使用了。

解决这个问题的策略其实有很多种。例如，策略一，产品升级重新投放市场，但这样一来，既否定了前期工作，又增加了一些额外的费用；策略二，产品降价，以价格优势来刺激消费者；策略三，回收产品，但这样似乎没有解决问题的根本。

最后，市场部采取了一个非常有趣的策略来解决这个问题：研制了一个类似于迷你打气筒的小工具，在帮助消费者辅助粘贴清洁剂的同时，又配备了一把小巧方便的铲子帮助移除。之后，市场部做了买二送一的推广，只要购买两个清洁剂，就可以免费获赠这个小工具。

实际上，市场部的目的只是想解决清洁剂不讨人喜欢的问题，免费赠送小工具只是他们施展的策略。围绕这个策略，相关部门做了一系列的推广，而推广的内容便是“免费赠送”。

所以，上面所说的KOL（意见领袖）背书、短视频、H5小游戏等，这些都只是推广形式，并不能称为推广的策略。

一个品牌，想要知道它为什么得不到消费者认可，是产品本身有缺陷还是其他原因，这需要我们为之做出思考。针对思考后得出的结论，找出解决问题的最佳方法，这便是策略。

◆策略不是创意

除了推广形式外，策略与创意也容易被人们混为一谈，但其实策略并不是创意。就拿汽车品牌沟通策略来说，我们一般会对品牌的定位、客户、价值体现、与其他同类品牌的区别等方面做出一些分析，分析完后就会施展一些沟通的策略去达到我们的目的。

例如，如果将客户定位为男性，针对男性追求简约有质感的产品特点，那么我们在施展沟通策略时就要传递给对方一种“我跟您一样，也喜欢简约大气的产品”理念，而这句“理念”就是该汽车品牌与外界沟通时所体现出来的价值观与利益观。我们沟通是以“迎合消费者口味”为最终目的，而完成目的所使用的手段和方法就是策略。

基于这种观点，所以在向消费者传递理念时，就要有效运用策略，让其有足够的理由信赖我们销售的汽车品牌就是他们心中所追求的，并对此深信不疑。例如，在十一长假时，我们可以以此做一个汽车品牌的活动：“国外东奔西走不如自驾陪伴”，在活动中言明男人自驾带家人旅游所带来的种种价值体现及好处。这句宣扬自驾游好处的言语便是创意，而创意的来源便是由策略所引发的。

值得注意的是，虽然在实施目的之前会运用一系列的策略，但具体的策略方案却不需要对消费者言明，我们只需要在此基础上运用一些方式、方法和手段，想方设法让对方明白和理解我们想要表达的观点及意愿，这样我们的策略才有可能被顺利执行下去。

策略就是解决问题

前面两节说了策略的两个概念，这两个概念大多用在生活和营销中。在企业管理界，对于策略的定义，还有另一番含义。

“策略”在企业管理界是一个被过度使用的词汇，如产品策略、价格策略、渠道策略、推广策略、营销策略、品牌策略、市场策略、传播策略、互动策略、媒介策略……似乎一切都是“策略”。

策略涉及的范围实在是太广泛，那么，在企业管理方面，我们对策略又该如何加以定义呢？想要对此做一个清晰明了的解释，恐怕有些困难，毕竟想要做好管理工作，厘清策略方面的概念和逻辑就是一件棘手的事。如果连这些都分辨不清，即便策略方案写得天花乱坠，想要提升自己的管理能力无疑也是天方夜谭。

难道就别无它法了吗？当然不是，接下来就为大家一一讲解。讲解的第一步，我们先来了解一下什么是企业管理界的策略？

通常，任何一家企业在制定管理策略前，对企业的未来发展都有着清晰而明确的目标，但在目标实现的过程中，却无一例外地会遇到一些困难和阻碍。如何克服困难，消除阻碍，实现最终的目标，这一步一步都需要用到策略。

换句话说，策略可以逐一帮助我们解决这些问题，为企业在实现战略目标管理方面遇到的疑难杂症提供应对方案。既然策略的最终目的是要解决问题，那么接下来我们就来看看策略是从哪些方面入手解决问题的。

◆要解决问题，首先要发现问题

正所谓“事出必有因”，在解决问题之前，我们首先要知道问题出在哪些方面，这样才好对症下药去解决问题。

假设我们的职务是营销总监，新产品上市后发现销量不容乐观，甚至乏人问津。在这种情况下，该何去何从呢?

如果是价格的问题，那么解决方案无非就是降价、打折促销，但是价格真的就是解决销量的最佳方式吗?并不是，也许价格只是一个表象，并非是影响产品销量的根源。在这种情况下，我们就需要分析和了解为什么消费者会觉得产品太贵?

一般来说，消费者觉得产品贵的理由不外乎以下几个方面：

第一，产品成本高价值低，导致价格居高不下。在这种情况下，想要价格亲民，那便要想办法提高自身管理水平，并尽可能地压缩生产成本。当然，压缩成本时我们也需要将产品的价值以最好的形式呈现出来，否则就会拉低产品的档次。

第二，产品虽然物有所值，但得不到消费者的认可。在这种情况下，若想被消费者接受和认可，那么我们需要从旁做一些辅助工作，给产品做活动推广，并对消费者宣扬产品的优势，让对方从内心认可和接受我们的产品。

第三，竞争对手的低价促销，使得消费者对产品持怀疑和观望的态度。这时，我们不妨对市场重新进行定位，重新定位并不是效仿竞争对手一味地去打价格战，而是调整产品的销售渠道或路线。

虽然价格是消费者最为关心的话题，但若经过一番透彻的分析后，我们便可以发现价格问题只是表象，由此衍生出来的可能是产品、用户或者竞争等方面的问题。

◆一切问题的答案，都要从三个层面出发

企业在寻求发展的过程中会不同程度地遇到形形色色的问题，但归纳起来，无非就是产品、用户、竞争三个层面。而且，在市场上我们所有的商业行为及问题的答案，基本都是围绕这三个层面来出发。

产品层面——产品品质是否被消费者接受和信赖，这恐怕是任何一家企业普遍关心的一个问题。

用户层面——一件产品问世后是否能引起消费者共鸣，促使消费者对产品增添好感度。

竞争层面——在发展过程中明里暗里会遇到不同的竞争对手，如何在竞争的过程中脱颖而出成为最后的佼佼者。

毫不夸张地说，产品、用户、竞争这三个层面，就是众多企业在解决问题时所面临的三角关系。而企业想要制定策略去应对棘手问题，就要从这三个层面去加以了解和分析，从中找出问题的根源，这样才能行之有效地解决问题。

策略与战略、战术是什么关系?

通过前面三节的讲解，我们已经知道了“策略”的概念，但现在有一个普遍的问题：很多人对于策略、战略、战术产生误解，认为它们就是一个意思，即策略=战略或战术。

为什么会产生这样的误解呢？最主要的原因是念得顺口。

但其实策略只是一个较为笼统的口语表达方式，之所以会将策略和战略、战术划为等号，完全是源于日常表达方式上的偏好。例如，我们会习惯性地说出“这件事情背后的策略是……”，而不会说“这件事情背后的战略/战术是……”。尽管后者听起来很奇怪不常被人们使用，“战”这个字也会让人们与战争联想到一起，甚至认为两者在现代商业用途中是可有可无的，但我们却不能否认它们的存在。

而策略中的“策”字，从字面意思来看，指计谋和计策等，由于大脑潜意识里认为这些计谋和计策能给自己带来帮助，因此便将“策略”一词广泛地运用在口语中。在这种情况下，也就造成了一些人把策略和战略、战术混为一谈，并在思考和解决问题时造成误导。

了解了战略、战术和策略容易混淆的原因，接下来，我们再来说说什么是战略？什么是战术？以及策略和两者之间的关系。

◆什么是战术

所谓战术，就是如何摸索顾客心理，如何顺着对方心智的角度和方向，将自身品牌植入顾客心理的一种方法。正所谓千人千面，不同的顾客脑海中也会浮想出许多同类竞争品牌，企业想要在顾客心中占据一席之位，并深入对方心理，当务之急就是要寻找一个区别于同类竞争者的定位角度，并深入发展。

战术最主要的特征就是差异性较为明显，它可大可小，可轻可重，总之一定要别出心裁才行。只有这样，才能体现出自己的与众不同，企业才能行之有效地将战术逐步转化为战略，将自身品牌植入顾客心理。

◆什么是战略

战略并不是目标，它只是企业实施的一种经营方针，但它却围绕着战术来进行。如果说战术是帮助企业整合资源和运营活动，是深入顾客心理的一味良药，那么战略就是一剂强心针。

一般来说，战略作为企业的经营方针，一旦制定便不宜轻易改动，因为它的目的就是帮助企业最大限度地实现战术上的优势，并将此种优势转化为战略上的优势，来帮助企业获得一定意义上的成功。

◆战术与战略的对比

战术与战略虽然在概念上有所不同，但却相辅相成，谁也离不开谁。换而言之，我们也可以说战术是围绕着战略展开的，战略是围绕着战术进行的，战术具有一定的差异性，而战略却极为平常。

若非要将战术与战略进行对比，我们可以得出这样一个结论：

战术是动态的，战略是静态的。说直白一些，就是一些企业和商家在节假日做出的打折促销活动是战术，而“天天低价”“清仓亏本”等一些折扣店实行的销售方式则是战略。

与战略不同的是，战术具有竞争上的优势，可以游离在品牌服务和企业之外；而战略则只能对竞争优势进行规划，只能在品牌和企业所管辖的范围内进行。

战术是想方设法深入顾客心理，并以传播自身品牌为最终目的；而战略则是围绕品牌或企业的发展为导向。

战术是小范围的某一分支的战斗，战略则是贯穿全局的大规模的战斗，而策略就是有效解决战术、战略的最佳方法。

但无论是战术、战略还是策略，在具体实施前都需要了解七个方面的问题：和什么人合作、做哪方面的事情、为什么要做这件事、具体该如何做、在什么地点做、时间怎样安排、具体开销多少。

这些问题在做战术策划时就要加以了解，并将每一项都落实到具体的人和事物上。例如，和什么人合作——王伟、张超；做哪方面的事情——婚礼现场制作伴手礼；为什么要做这件事——满足客户要求；在什么地点做——户外某草坪；具体开销多少——共计花费6.8万元等。

例如，某礼品公司与当地有名的婚庆公司强强联手，特推出订购婚礼庆典套餐加购伴手礼，送免费策划、免费司仪等服务。伴手礼以红烛为主题，意在向来宾们传递新人的一片赤诚之心，与众人分享喜悦心情的一种感受与表达方式。

而司仪在此过程中，便可以向现场的来宾们阐述红烛作为礼品的重要性与意义所在，将新人的祝福与红烛所代表的寓意有效地传播出去。

这个策划文案最大的亮点就在于成功吸引了人们的眼球，因为结婚是人生最大的喜事，也是人们最舍得投资的地方，但传统回赠糖果的方式已经提不起人们的兴趣，现如今的人们反而更期待和看重别有一番韵味的礼品。而礼品公司推出的红烛恰恰就满足了人们对这方面的需求，其与婚庆公司的合作更是将这一需求发挥到了极致。

若单纯地将这个策划方案推广以期得到更多人的认可与喜欢，那在实施的过程中还需要加点“调料”，而这里的“调料”就是指前面所提到的免费策划和司仪。通常，新人由于婚礼前期所要考虑的事情实在太多，在对婚礼的策划上可能会有些力不从心，此时“免费”二字再加以热情周到的服务和售后，便可以俘获客户的心理。在活动实施的过程中，如果保质又保量，便可以迅速打响知名度，被更多人熟知。

但这种类型的活动却是策略性的，并不是传统意义上的战略或战术性上的方案，为什么呢？因为在这个案例中，只交代了大致的人和事，具体的负责人、合作对象、详细的时间、地点等，一些关键事项都没有列举出来，因此它属于策略性的方案。

如果是战术性的方案，那便需要制订一个详细而规范的流程，如起始时间、经办人、工作地点、工作内容、具体事宜及要求、负责人等，给人一种一目了然的清晰感，让人清楚地知道自己的职责所在。

综上我们可以看出，战术方案其实是一个能落实到具体行动上的方案，与策略方案相比，两者的差别就在于策略更倾向于风险与代价、效果等方面的结果。所以，我们又可以总结出策略性方案的九大组成结构：主题、时间、地点、对象、场景、目标、进程、预算、效果评估。

了解了策略的九大组成结构后，并不代表我们手中的策略就一定是可行性的，毕竟策略可行与否也有标准来评判。即便评判的标准多样化，但摆在首位的必定是将其与战略作比较，看二者是否保持了统一步伐，这也使得很多企业在实施一些具体的方案时一般都要历经三个层次，即战略、策略、战术，方能脱颖而出取得最终胜利。

那么，战略与策略之间又有着怎样的差异呢？

通常，做战略规划时我们强调要放眼全局，纵观事物的整个发展流程并进行全面而详细的了解，避免局限性思维导致束手束脚。毕竟战略以文字表达出来是比较抽象的，我们只有将战略的组织层次提高，年度变得久远，才能凸显其高层次。

在营销学里，人们通常把市场定位战略称为营销战略，并把用于营销的产品、渠道与价格、促销方式等统称为组合策略。想要了解营销战略，我们首先要知道产品所面临的客户群体是怎样的？如何才能获得消费者的青睐？选择什么样的市场？凭什么让客户心甘情愿地购买我们的产品？把这几个方面串联起来也就组成了市场定位战略，即营销基本战略。

接下来，我们就可以大展拳脚去逐一完成这个市场定位战略了，而完成的过程中所使用的方法就是策略，每一种策略都是围绕着战略来实施和开展的，也只有二者联手才能促进战略的实施与推进。

策略对于一个人的意义何在?

“自古不谋万世者，不足谋一时；不谋全局者，不足谋一域。”这句话想必很多人都听过，也明白“策略”一词最早是被应用于商业和管理方面。但这些都是过去式了，随着社会的发展与时代的变迁，策略并不仅仅运用在这些方面，而是逐渐扩大领域，在各行各业发挥着重要作用。

当然，这其中也不乏一些人因为某些原因而以“有色眼镜”去看待“策略”一词，且时常把“计划没有变化快”挂在嘴边，意在告诉身边人“天有不测风云”，任何事除了走一步看一步外，似乎别无他法。

但其实，这些戴着“有色眼镜”的人，因为对策略存在一定的误解和偏见，使得整个人的生活都处于一种紧绷的状态，但紧绷也好，放松也好，太阳东升西落却是永恒不变的事实。这个事实也告诉我们，不仅大自然的变化是有规律可循的，就连市场变化也有着一定的规律。即便我们无法掌控这种规律，但我们却可以深入地挖掘这些规律，并从中总结经验。

很多时候，我们在完成某件事情时，之所以半途而废或是漫无目的寻找不到前进的方向，往往就是因为心中缺乏策略性的思维。

即使内心知晓策略的重要性，但没有将策略加以提炼、实施和执行，最终也只能是艰难前行。

同样的事情，若运用了策略，那最终的结果便大不同了。策略可以让我们少走弯路，让我们高效率地完成一件事。曾在网上看过这样一个故事：一位临床经验丰富的老中医，仅从病人微弱的脉搏便可以测出27个参数，而缺乏实战经验的医生却只能测出1个参数。

同样是医生，为什么检查的结果却有着天壤之别呢？其实，这一切就在于经验丰富的老中医善于望闻问切、察言观色，能从脉搏的强弱和参数的不同来判断病人的病根出在哪里。

其实策略与中医号脉问诊看病有着异曲同工之效，懂得策略的人在错综复杂的社会环境与趋势下，也能像老中医那样从点滴信息中提炼和加工，以此来制定出详细的策略。没有策略，再好的想法也无法付诸到行动上；没有策略，再好的目标实施起来也会遭遇瓶颈。

由此，我们可以得出结论：策略对一个人的未来发展有着重要的意义。这些意义我们又可以大致从以下三个方面来解说。

◆方向和目标

未来我们想成为怎样的人、实现怎样的目标、想在哪些方面寻求发展，这些便是我们的人生追求与自我定位。

◆目标如何实现

有了方向和目标后，在实现的过程中如何应对挑战和失败，怎样才能将目标更快速、更快捷地实现。

◆如何迈出第一步

制定策略后，如何将策略更好地付诸到行动上。

这三步环环紧扣，缺一不可，可以说没有方向便寻求不到合适的目标，没有目标就无法制定有效的策略，没有策略，想要成功便会比登天还难。即便是没有运用策略却侥幸获得成功，这样的机会也是相当渺茫的，更何况侥幸的事哪能天天有呢？如果抱着侥幸心理去度日，那未来的人生之路或许就会在碌碌无为中度过了。

就好比一个初入社会的大学生，看什么都觉得新鲜稀奇，于是“三天打鱼，两天晒网”，各行各业都跃跃一试，最终的结果便是全能却不精，所处的位置随时都能被人轻而易举的替代。最终，一番瞎忙碌之后，身无一技之长不说，生活也没有发生多大变化。

说到这里，可能有些人会持不同意见，认为一个缺乏社会经验的人对外界充满好奇是正常的。不可否认，这话也有一定的道理，但若经过一段时间的摸爬滚打之后，就不能凡事率性而为凭着感觉走了。在这种情况下，就要目光长远并利用手中积累的资源与优势，运用一定的策略去扬长避短发挥自己的长处，让自己成长为某个行业中不可替代的人。

美国原通用电器公司的杰克·韦尔奇在谈到关于策略的重要性时曾说：“我整天几乎没有几件事做，但有一件做不完的事，那就是规划未来。”

综上所述，便是策略对于一个人的重要意义所在。

我们为什么一定要有策略?

在前行的道路上，许多人为了避免行差踏错，并最大可能地将自身利益最大化，便在某些事情的选择上畏首畏尾，停滞不前。但恰恰是这种锱铢必较的心态，使得一些人在前行的道路上，陷入了顾此失彼的尴尬境地。

徘徊在人生的十字路口，再怎么担惊受怕，终究还是要选择一条路走下去。也只有勇敢走下去，我们才能清楚地知道自己的优势与需求，让自己得到更好的成长与发展。或许很多人认为瞻前顾后、畏首畏尾能够降低犯错与失败的概率，但其实它只会让我们错失一些唾手可得的机会。

机会稍纵即逝，与其在优柔寡断下错失，不如当机立断，即使最终结果不尽如人意，至少我们努力过、拼搏过，余生不至于留下遗憾。当然，当机立断把握机会之前也需要我们运用一些策略，这样才能更好、更快、更强地将眼前的机会牢牢抓住，并在它的指引下一步一步走出人生的困境，创造出别样的辉煌。

我们为什么一定要有策略呢？看完下面这个案例，或许就能从中得到启发。

成功学励志专家拿破仑·希尔在成名之前是一名普普通通的记

者。有一次，他有幸采访到了著名的钢铁大王安德·卡内基，起初采访进展得很顺利，可就在接近尾声时，对方却突然没头没脑地抛出了这样一个问题："你是否愿意接受一份没有报酬的工作，并用二十年的时间来研究世界上的成功人士？"

没有报酬还要白白花费二十年的光景，恐怕换作谁也不会接受，可能够接触众多成功人士却是拿破仑·希尔一直以来的梦想。对于这个难得的机会，他没有过多犹豫便点头表示了同意。这个回答让安德·卡内基感到有些诧异，他问："你真的考虑好了吗？"

"是的，我愿意！"拿破仑·希尔斩钉截铁地回答。

听到那句响亮的"我愿意"之后，安德·卡内基的脸上瞬间绽放出了开心的笑容，他对拿破仑·希尔说："在我考察的近百位年轻人中，很多人都优柔寡断，几乎没有人像你这样不假思索便给出答案，这足以说明你的决断能力。"

之后，在安德·卡内基的引荐下，拿破仑·希尔真的如愿以偿地接触和采访到了许多成功人士。丰富的人生阅历与工作经历使得拿破仑·希尔在短短几年间，凭借这些经验创作出了《成功规律》这一名作，并获得了众多读者的疯抢。

试问，安德·卡内基如果不懂得运用策略，不以"接触众多成功人士为诱饵"，而是直截了当地说出"干活没有报酬"这么直白的话，那么普天之下恐怕没有人愿意接受这样一份工作。正因为他在抛出这个问题之前，糅合了一定的策略，使得这份工作充满诱惑，所以得到了拿破仑·希尔的同意。

二十年后，当初那个不计较报酬的普通记者，已经成长为美国著名的成功学大师和励志书籍作家，还曾为美国两任总统做过顾问，人生彻底走上了巅峰。面对这数不清的荣誉，拿破仑·希尔动情地说："果断是成功的救命草，如果我没有那天坚定的应答，我一定没有如此的成就。"

的确，面对稍纵即逝的机会，一个人若总是犹豫徘徊，瞻前顾后，就会整日忧心忡忡，在矛盾纠结中度日，以至于大好机会从指缝中悄悄溜走；反之，若我们具备了当机立断的决心与勇气，再糅合一定的策略，想要在绝境中看到希望，于希望中赢得商机，将会变得易如反掌。

19世纪的美国墨西哥曾爆发了一次大规模的猪瘟，因疫情扩散的速度快、范围广，使得当地的牛羊等家畜也受到了感染。探听到这个消息后，作为一家肉食加工厂的老板——菲利博·默卡尔敏锐地意识到，瘟疫的背后也隐藏着一个难得的商机。

墨西哥的瘟疫既然扩散的速度快、范围广，那么临近的加利福尼亚州和得克萨斯州两大州恐怕也难以幸免，更何况这两大州还是美国肉食品的最主要供应基地，若受此影响，势必会导致肉价飙涨。

当其他老板还处于观望状态时，菲利博·默卡尔当机立断，将公司所有的人力、物力、财力、资源全部投入到了采购肉食产品的行动中。仅仅过了两个月，墨西哥的猪瘟便迅速蔓延到了加利福尼亚州和得克萨斯州两大州。

在这之前，菲利博·默卡尔公司的仓库已经堆满了赶在猪瘟到来之前采购的各类肉食。就在当地政府下令严禁这两大州肉食产品外运的同时，美国境内肉价暴涨，而菲利博·默卡尔却利用这难得的商机大赚了一笔，为公司日后扩大规模打下了良好的基础。

看完这个故事，大家能从中悟出什么道理呢？显而易见的道理，生活中处处皆机会，但机会却是稍纵即逝的，只有当机立断牢牢把握住机会，并在付诸到行动的同时运用一些策略，便能创造奇迹获得成功。

策　略

英国诗人艾略特曾说：“世上没有一个伟大的业绩，是由事事都求稳操胜券的犹豫不决者所创造的。”一个人只有当机立断，充满了战胜一切困难的勇气和决心，才能不因害怕失败而停滞不前，不因害怕承担风险而犹豫不决，因为成功的前提始于果断的行动和对机遇的正确把控。

第2章 思维精进，成为领先的少数人

思维指导行动，策略决定成败。在现实生活中，要想告别平庸，成为领先的少数人，在人生的博弈战场上抢占先机，扩大胜面，懂得转化和全局思考，能够突破思维定势，颠覆传统认知并形成具象的策略思维是关键。

什么是策略思维？

学过历史的人都知道，中华文化历经了几千年的洗礼与变迁，生活质量与方式已经发生了翻天覆地的变化。

纵观古今内外，我们发现成大事者除了不拘小节外，更重要的是他们懂得运用策略思维的方式去思考问题。例如，刘邦手下的三大谋臣与刘备的军师诸葛亮，皆是提供策略思维并在背后帮助他们运筹帷幄的人。

可以说，懂得运用策略思维的人，不仅思维方式精进，还能脱颖而出成为同行业中的佼佼者，而这一切与学历高低、婚配与否、漂亮与否、收入水平的高低、情商高低、穿着打扮的档次等没有最直接的关系。

就拿开国大将粟裕来说，他之所以能从一个其貌不扬的小兵升迁成将领，就在于他是一个具有策略思维的人，所以他才能战无不胜。

其实，策略思维这事，只要我们稍加注意便能明白：现如今，拥有策略思维的人实在是少之又少。因为很多人活在这个世界上，就如同行尸走肉般，既不知道明天的路该通向哪里，也不知道如何扬长避短做自我提升和进步，整日就是浑浑噩噩般得过且过。

这些人之所以抱以敷衍了事的态度去对待生活和工作，其实并不是受了多大的磨难与艰辛，而是缺乏策略思维，以至于对身边的点滴小事也要思量再三，权衡利弊，可往往疲于奔命的同时，效率却没有得到提升。

于是，一些人便陷入了迷茫与恐慌之中，成天哀怨上天的不公，但其实，想做一个做事高效率的人很简单，选对正确的思维方式便能达到。只要思维方式正确，想要高效率地完成某件事将会变得易如反掌。长此以往，我们甚至可以发现，原本暗淡无光的世界也在高效率的驱使下，变得柳暗花明，豁然开朗。

说到这里，可能有些人内心会产生疑问：什么样的思维方式才是正确的呢？很简单：策略思维。听到这个答案，可能大家又会继续追问：什么是策略思维呢？在回答这个问题之前，我们先来做个比喻：

打台球时，有策略思维的人，不仅仅是让当下的这一杆球进洞而已，而是在这一杆球进洞之前，还要为接下来的两到三杆球顺利进洞做好开路工作。

打牌时，有策略思维的人，不仅仅是顾好眼前的这一步，而是将这一张牌当作诱饵，为之后的听牌胡牌做准备。

敌我双方开战时，有策略思维的人，懂得走一步看三步，不仅仅是击退敌人，更懂得斩草要除根的道理。

生命不息，奋斗不止，在前行的人生道路上，小到穿衣吃饭，大到择校择业，与何种类型的人交往共度余生，这一步一步走过来，都需要我们在深思熟虑后做出最正确的、最适合自己的生活与工作方式。

一切抉择与安排，都可以体现出一个人的策略思维，也只有运用策略思维，才能在自己的人生战场上战无不胜，攻无不克。

由此可见，策略思维对于一个人成长的重要性。因此，我们只有了解、掌握和运用了策略思维，方能更好地思考和解决问题，另辟蹊径为未来开辟一条光明而顺畅的阳光大道。

下面，我们将从三个方面来具体概括什么是策略思维。

◆策略思维的本质就是博弈

策略思维的本质实际上就是博弈，而博弈的基本原则则可以概括为八个字：向前展望，向后推理。

通常，我们在日常与他人的合作中，难免会经历一些因利益冲突而引发的背叛。当这一情况出现时，我们便要及时采取应对措施来杜绝和严惩这种行为，肃清风气。

也就是说，只有运用“以其人之道，还治其人之身”的策略思维，才能保证自身威严和利益不受到侵害。

基于这样的情况，我们在考虑问题时就要运用策略思维，帮助我们在与人博弈的过程中所向披靡，顺利到达成功的终点站。

◆战略思维是“有所为，有所不为”

战略思维是“有所为，有所不为”，即在制定策略之前必然要果断舍弃一些东西，才能成就更好的局面。

滴滴打车在发展初期，就给自己定下了一个明确目标：客户通过滴滴打车软件呼叫用于服务的车辆后，并不会久等，只需要短短的5分钟便能坐上车。究其原因，参与滴滴运营的车辆之所以能够快速而准确地出现在客户面前，皆因为它“有所为，有所不为”的策略，将其业务与行动方向始终围绕着同一目标展开，所以才成就了如今的滴滴。

同样的道理，如果我们给自己制定的目标任务是好好学习，在学业方面有所成就，这是一个积极上进的好心态，但这并不算策略。如果我们把目标设定为课外时间练习舞蹈，这便是人生策略，为什么这时候的目标设定可以称为策略呢？因为在学习舞蹈的同时，我们需要放弃一些休闲时光，如听音乐、追剧、逛街等自由活动。

所以，“有所为，有所不为”的战略思维给我们传输的理念就是：做正确的事情，比正确地做事显得更重要。

◆策略思维应当“自下而上”，而不是“自上而下”

虽然我们强调策略思维在日常生活和工作中的重要性，但再好的策略思维也不可能在最初的实行阶段就表现得完美无缺，而是在不断推进和实施的过程中，伴随着认知的加深与实际情况的反馈，来逐步调整和完善的一个过程。

众所周知，马云创办的阿里巴巴如今在电子商务领域做得风生水起，业务涉及电商、支付、广告、金融等方面。但这些成绩的获得，并不是马云在创业之初就设定好的，而是在不断推进和实施目标的过程中逐渐延伸出来的。在做电商之前，马云是做中国黄页的，之后经过一路的磕磕拌拌，最终才转型到B2B服务上来。

借鉴了eBay的B2C模式，马云创办了网上购物平台——淘宝网。既然是在网上购物，那么支付方式便是消费者最为关心的一个话题。于是，在不断地摸索与完善下，阿里巴巴团队又创建了一个新鲜、便捷的支付方式——支付宝。

当淘宝上入驻的商家越来越多、消费者的需求不断升级后，一些走高端路线的商家希望自己的品牌能与一些名不经传的杂牌商家在消费平台上有所区分。在这种情况下，B2C网站——天猫，便诞生了。

随着足不出户便能享受到的一系列方便快捷的服务，越来越多的人开始倾向于在淘宝和天猫上购物。随着交易的频繁，平台上的流动资金也越来越多，为了更好地管理这些资金，并为卖家与买家提供方便舒适的金融服务，蚂蚁金服便由此而生。

因此，我们可以得出这样一个结论，策略思维其实是由一个系列所持续或延伸出来的迭代过程，且中间面临着一定的取舍，是一个“自下而上”，而非“自上而下”的进化过程。

从垂直思维转化为水平思维，胜过90%的平庸之辈

时代的发展日新月异，新鲜事物更是层出不穷，为了与时俱进，顺应时代的潮流，去发现和尝试新鲜事物，跳出传统思维的怪圈，打破固有的习惯思维便是我们的最佳选择。

通常，具备策略思维的人在这方面就做得很好，他们在着手开发新项目时，会勇敢提出质疑，利用质疑为自己规避一些未知的风险与阻碍。

众所周知，马云最早创业时是做中国黄页的，后来经过不断地调整与尝试，最终在电子商务领域开创了自己的“盛世帝国”；

奇虎360最早是做社区搜索的，后来一步步发展成了为互联网用户解决网络安全问题的科技巨头公司；

聚美优品的前身为团美网，后来首创“化妆品团购”模式的先河，在化妆品领域稳稳地占据了一席之地；……

仔细观察，我们不难发现这些企业之所以一步步做大做强，皆离不开一群思维活跃的企业带头人。正因为他们异于常人的思维方式，使其眼观六路，耳听八方，懂得创造和把握机遇，懂得随时更

新和调整自己的思维方式。

其实，人生也是如此，在如今这个飞速发展的时代浪潮下，行业的变化瞬息万变，使得每个人都在小心谨慎地寻找着属于自己的人生轨迹。但如何才能寻找到一条正确的道路，却需要我们具备一定的策略思维并脚踏实地。但这一切都离不开质疑，唯有质疑，才能寻求突破与发展，看到更优美的风景。

说到这里，我们先来看一个关于阿凡提的小故事：

巴依老爷在处置阿凡提时用了一个损招，他说："现在我手里有两张纸条，一张是'生'，一张是'死'，此刻你的生死权就掌握在你自己的手里，无论你选择哪一个，我都会依照纸条上的字来处置你。"

巴依老爷说得好听，但内心却异常邪恶，他在两张纸条上都写了"死"字。这时，如果按照习惯性思维去考虑问题，无论阿凡达选择哪一个，最终都难逃一个"死"字；反之，如果打开一个，再吃一个到肚子里，即便打开的那个是"死"字，那么我们也可以辩称吃到肚子里的那个是"生"字。

这时候，打开的纸条就是我们目光范围内所能看到的景色，而吃到肚子里的纸条就是我们目光之外的策略思维。

看完了这个小故事，我们再来看一个关于iPhone的故事。

iPhone刚问世时，时任Palm公司CEO的埃德·科林根曾信誓旦旦地说："我们已经在这里研究并奋斗了数年，以搞清楚如何制造一个出色的手机，搞PC的家伙不会突然搞懂这个，他们不可能就这样走进来。"

站在竞争的对立面，Palm说出这番话尚且情有可原，但作为《创新者的困境》一书的作者克莱顿·克里斯坦森，以一名旁观者的身份妄言iPhone的问世不会获得成功，那便是惯性思维在作祟了。

正是由于惯性思维带来的误导，他们误以为手机与电脑不能融为一体，甚至PC制造商不可能研发出新型智能手机。但事实却给了他们二人一记响亮的耳光，iPhone不仅打破了传统的设计模式，以触摸屏取代了传统的手机键盘，其研发的手机APP程序也与PC程序有着相似之处，彻底打破了“PC制造商不能制造手机”的言论。

看着iPhone的辉煌成功史，很多人都会对埃德·科林根昔日的那番言论嗤之以鼻，可在当时，又有多少人能像他那样勇敢地提出质疑呢？恐怕寥寥无几吧！

但不可否认的是，一个人只有勇敢地提出质疑，才能发现和挖掘更多眼界之外的亮丽风景，获得更好的成长机会。当然，在具体实施的过程中我们也要视具体情况具体分析，选择不同的策略思维方法，这样才好对症下药。下面我们就从众多的策略思维方法中选取一种水平思维方式来进行阐述。

通常，传统的垂直思维方式是以逻辑与数学为导向的，依据不同的前提在一定的范围内做推导，但这样也容易犯下“一叶障目，不见泰山”的错误。

但水平思维则不同，它会预留多种选择性，它所关心的不是观点的陈旧与否，而是如何将思维观点变得更加丰富与精进。

一个穷苦农民为生活所迫不得已向地主借了一笔钱财，但最后却发现利滚利之后自己根本无法偿还。于是，狡猾的地主趁火打劫，想将农民的女儿据为己有，但农民的女儿却以死抗争。

地主转念又想出了一个馊主意，他对农民的女儿说：“欠债还钱，天经地义，为了体现公平，现在我们重新换一种解决方法。我将一黑一白两块石子放在一个袋子里，由你来抓取。如果抓到的是白石子，那么所有的账一笔勾销；但如果是黑石子的话，你就要乖乖跟我回家。”地主一边说一边趁农民的女儿不注意，快速拾起地上的两块黑石子放在了袋子里。

尽管地主的动作很迅速，但还是没有逃过农民女儿的眼睛。这时，无论她如何选择，都逃脱不了嫁给地主的厄运。此刻，假设我们是农民的女儿，应该如何应对呢？

一般来说，常用的应对方式不外乎以下几种：

第一，当场拆穿地主的阴谋诡计，但迫于地主的权势与威严，父亲要经受一顿责罚；

第二，既不抓石子，也不拆穿地主的阴谋，但问题得不到解决，受苦受累的还是父亲；

第三，在地主的威逼利诱之下，咽下委屈去抓石子，并嫁给地主。

但这些运用垂直思维思考后所得出的结论似乎都很难让人满意。既然如此，那么我们可以用水平思维的思考方式来应对这个难题，将目光从地主手中的石子处移开，转向地面的石子。

可以试着这样做：表面上答应地主抓石子的要求，待从口袋里掏出石子的一瞬间故意松手，让黑石子与地上其他黑白色的石子混合在一起，然后一脸委屈地对地主说："实在抱歉，我刚才太紧张将石子掉在地上了，可地上的石子这么多，黑与白混和在一起我也无从分辨，为了体现公平，你可以看下口袋里剩下的那一颗是什么颜色，如此就一清二楚了。"

其实，这个故事和本节前面所讲的阿凡提的故事如出一辙，都是在向我们阐述如何利用策略思维，将传统的垂直思维转换化为水平思维。或许在日常情况下，有些人对此不太了解，但通过本节内容中对垂直思维与水平思维做出的对比，我们便可以明白这样一个道理：从垂直思维转化为水平思维，胜过90%的平庸之辈。

解决问题的方法有很多，选择最优路径

在本节开始之前，先来看一段这样的对话：

一位知名公司的老总在与马化腾聊天时说：“我每天无论工作到多晚，也不会忘记锻炼身体，还是会跑步回家。”

马化腾问：“你是换了衣服，再背着背包跑吗？”

对方回答：“在办公室换好衣服了再跑，公文包让司机送回家。”

马化腾又问：“路上的人和车那么多，让司机送你到体育场或者室内跑，会更安全吧？”

从这段对话中，我们知道这位知名老总每天都会坚持锻炼身体，虽然这是一个好习惯，但他却没有找到锻炼身体的最佳方式。

就拿大家熟知的互联网公司来说，但凡遇到的问题无论大小，基本都是迫在眉睫需要解决的。但解决问题的方案有很多种，并非每种方案都切实可行。

例如，公司对网页浏览量和访客设定了详细而具体的数字，并希望以此来达到提升用户增加收入的目的。若单纯地为了提升数据而去刷流量，妄想用这些垃圾流量来提升业绩，显然是不可取的，也是不正确的。

想要平衡好两者之间的关系，除了找准方向制定战略外，还要落实到行动上，只有有效地执行，才能避免损失并择优出一条最合适的路径。

所以，那些具备策略思维的人在寻找正确的方向时，哪怕耗时耗力，也会乐观积极地寻找最优途径，绝不会像一只苍蝇那样乱碰乱撞。下面这个案例就很好地说明了这一点：

战国时期，一个魏国人打算驾着马车到楚国去。为了顺利到达楚国，魏国人不仅带上了足够的盘缠，还雇佣了品种优良的马匹与驾车技术一流的马夫。按理说，这样想要平安顺利到达楚国，便是一件指日可待的事情了。

可谁知，这人在出发之前根本不看地图，而是盲目上路，让马夫驾着马车往北面前行。魏国人在路上歇息时，碰到一个路人，对方问他去往哪里，魏国人说："我要去楚国！"路人一听急了，说："去楚国要往南面走，可你这是在往北面走，完全是背道而驰啊！"魏国人听了，不紧不慢地说："没关系，我的马儿跑得很快。"

听了这话，这位好心的路人以为自己没有解释清楚，便大声地说："即便你的马儿跑得再快，但你方向不对只会越跑越远，是到不了楚国的！"可魏国人依然执迷不悟地说："不要紧，我的盘缠很充足呢，大不了多跑几天！"

路人还是不死心，又说道："即使你的盘缠多、马儿壮，但背道而驰只能是白白做无用功。"听到这儿，魏国人有些不高兴地说："怕什么，我雇佣的可是车技一流的马夫呢！"

见此人冥顽不灵，路人无奈只好停止了劝说，眼看着魏国人就此开启了他南辕北辙的游历楚国之旅。

不听他人言，吃亏在眼前，魏国人误以为盘缠多、车马快就可以到达楚国，殊不知，方向错了，再优越的条件也起不了作用。

在这方面，诺基亚便因此而经历了一次血淋淋的教训。在智能手机逐渐普及的2010年，当时诺基亚的Symbian系统已经适应不了广大消费者的需求，除了美国的苹果手机外，很多智能手机厂商都选择顺应手机时代的发展，纷纷转向Android系统，唯独诺基亚例外。作为当时手机通讯界的老大，诺基亚认为即便Android系统做得再成功，也只是为他人做嫁衣而已，但若选择微软系统，便可以继续稳固老大的位置。

可这次，诺基亚却失算了。从2011年到2013年，微软的Windows Phone系统上市后始终得不到消费者的青睐，这也让诺基亚陷入了一种独木难成林的尴尬境地，而这一切都与其企业的策略制定者脱不了关系。解决问题的策略不对，企业在成长的过程中便容易走弯路、碰钉子。

小米创始人雷军曾说："永远不要试图用战术上的勤奋去掩饰你策略上的懒惰"，而金山网络CEO傅盛也提出了著名的"管理三段论"：

目标：目标是促进思考的第一步骤，所以在这方面要多花费时间与精力思考清楚，如果目标不清晰，那么接下来路径和资源也将无法开展下去；

路径：认准了目标后，就要有条不紊地梳理出实现目标的具体路径是怎样的；

资源：对路径进行透彻地分析和评估，确定完成目标所要投入的资源。

认识和了解了"管理三段论"的具体职责后，接下来的工作便可以围绕定目标、梳理路径、投入资源三方面来开展。

近几年，随着互联网的逐渐普及及人们对产品的层次与追求更高端，也使得人们对互联网从业人士的服务更挑剔。但不管怎样，企业的决策者都应从战略、产品、组合、资源、路径、执行等方面寻求突破与改善，力争得到消费者的认可与青睐。

解决问题的方法有很多，选择最优路径才是最好的处理方式。那么企业在解决问题时，如何才能行之有效地做到这一点呢？很简单，找出问题——列出解决方法——分析讨论后得出最佳路径。

以销售图书为例，如何才能提升销量呢？

第一，通过一些公众平台进行大肆宣传；

第二，作者通过签售会来扩大知名度；

第三，与一些图书网站或电商合作，将其放在网站或店铺的醒目位置。

虽然此处罗列了提升图书销量的三种方法，但一番分析比较下来，方法三所带来的转化率与销量显然更为明显，毫无疑问第三种方法便是最优路径。

成大事者的全局思考法

在2.3节，我们讲述了选择最优路径去解决问题才能达到事半功倍的最佳效果。但在解决层出不穷的突发状况时，也要洞察全局，避免犯下“一叶障目，不见泰山”的错误，避免因小失大。

什么是全局呢？所谓全局就是指看待事情、处理问题时目光长远，以企业的未来发展去衡量和考虑，能大体上对事物的发展具有一定的把控能力。纵观身边的那些成功人士，他们从全局出发，洞察秋毫，眼光独到，一些弊端也都能事先预想到，相应的思维盲点也会减少很多。

而那些缺乏全局观的人，为了些许蝇头小利就迷失了自己，对待工作敷衍了事，最终却因小失大，得不到领导的信任和同事的好感。

身在职场，我们经常会遇到一类人，对待领导安排的工作，他们不仅事无巨细地完成，还会因此而考虑到一些额外的方方面面，力求将工作做到最好，将能力发挥到极致，为日后的职场升迁铺设一条康庄大道。

就拿互联网运营活动来说，一般举办活动抽奖时，常见的都是由产品经理根据运营经理的需求来制定相关的抽奖规则。但这样做的话就会带来一个弊端：除了抽奖方面有规则限制外，整个抽奖活动似乎毫无逻辑性可言。

但具有洞察力又着眼于全局观的产品经理便不会这样做，他会在活动策划之前，考虑到抽奖活动所面临的各种突如其来的变化与灵活性，从而以不变应万变。因此，举办抽奖活动时，奖品如何发放、奖品的种类和数量、中奖的概率等这些方面，都是产品经理需要提前预想和考虑的。

尤其是在互联网公司中，企业的决策者如果自身缺乏全局观，那么企业想要顺应时代的需求成为知名公司，将会变得异常艰难。因此，身在职场的我们无论是领导还是普通职员，在忙碌工作的空隙，都别忘了停下匆忙的脚步回过头来认真思考和反思一下，看看此刻的所做所为是否是正确的、合理的。

即使站在个人的立场上发现没有问题，但若站在公司的立场上和未来的发展考虑，多多少少也会存在一些弊端。

大家都知道项羽是秦末农民起义的领袖和杰出的军事家，曾领兵灭秦。但一代西楚霸王最后为何会在楚汉争霸中失败，落得个乌江自刎的悲惨局面呢？

原因就在于项羽缺乏全局观，没有从长远去考虑问题，只顾前方战场得意却忽略了后方统治能力的重要性，使得手下大将被敌方策反，同时又受到了其他方面的困扰，因此内忧外患之下，失败就是他必然的结局。

不仅是在战场上，职场上也是如此。一个人如果不能站得高看得远，从长远发展去看待和考虑问题，一味地埋头苦干，那么想要在职场上飞得更高走得更远，无异于痴人说梦。

虽然每个职场人都会遇到形形色色的问题，想要将每个问题都逐一审视显然也不太符合实际。在这种情况下，我们就要根据事情的轻重缓急与主次来做优先安排和处理，让自己随时随地都能以一种良好的精神状态，投入和参与到全局观的思考中去。

那么，具体要如何做才能以一种全局观的策略思维思考问题呢？

◆遇事多想想，三思而后行，明白自身在部门和公司中的位置

正所谓“一言可以生祸，一语可以致福”，身在职场，一言一行或多或少都会带来一些影响，产生影响后又该如何去应对和收场？为了避免这种情况的发生，我们遇事不妨三思而后行。

◆确定自己在公司全局下所承担的责任

身在职场，离不开一个老生常谈的话题，那就是KPI（关键绩效指标）。无论是年度、季度，还是月度，通过何种管理方式将上级指令下达到个人，如何提高绩效管理，这些都是为了确定自己在公司所要肩负的使命与需要承担的责任，避免在某些较为稳定的时间段内偏离全局观。

◆拎清孰轻孰重，抓主要矛盾

无论遇到的是何种问题，考虑问题时都不能因为焦虑而做出“眉毛胡子一把抓”的囧事，要懂得分清孰轻孰重，抓主要矛盾。

◆从更长远的角度思考职业发展的问题

有些人之所以觉得工作乏味，体会不到工作的乐趣，大多都是心态的问题。如果自认为自己是一个打工仔，工作只是为了赚钱养家糊口，那么工作的过程中自然体验不到任何乐趣。

但若转换一下思路，从更长远的角度来思考职业发展的问题与方向，便会发现工作的意义并不仅仅是为了赚取一份薪水，更是修炼和提升我们的心性与能力，让我们从一个毫不起眼的普通人慢慢成长为一个光芒四射的人。

而这一切，都需要我们放眼全局去思考问题才能做到。只有牢牢掌握了以上四点，我们才能在日后的工作中走一步看三步，做一个智者，去成就更美好的未来。

策略思维是优秀与平庸的分水岭

身在职场，相信很多人都遇到过一些紧急状况，不仅事发突然让我们措手不及，而且相关的资料与数据还不健全，这时我们该如何应对？

按常理来分析判断，无外乎以下两种方案：

第一，默默地接下这份工作，通宵达旦想方设法将数据与资料补充完整，第二天以一种萎靡不振的精神状态去向领导汇报工作进度；

第二，感觉自己心有余而力不足，于是放弃对数据与资料的补充，并在第二天一五一十向领导言明情况，但这样一来，便会让领导误以为自己的工作能力有所欠缺。

除了以上两种解决问题的方法，难道就别无他法了吗？当然不是。还有一部分人会在执行领导安排的工作任务时，先做出判断和评估，然后依据结果来决定是否有必要补充缺失的资料与数据。如果有，他们便会想尽一切办法寻找资料与数据，快速而高效地完成领导交待的任务。

确立目标、瞄准结果、拒绝盲目地工作，这便是策略思维区别于普通思维的工作方式。

为什么在策略思维的导向下，工作效率可以得到高效的发挥呢？这是因为在策略思维的引导下，人们的注意力已经将关注的过程逐渐向结果转移。为了达到理想的结果，所以心中所思所想皆不会被外在的条件所束缚。

在这一点上，初入职场的“菜鸟”为了快速融入职场提升业绩，便很容易犯下类似的错误。但这样激进的做法却是大错特错，与其在这些空洞的概念上大做文章，还不如好好思考一下什么才是自己最需要的。

假设我们的最终目标是要争取客户，从客户手中获取订单来提升自己的业绩，那么我们的当务之急便是要了解和确定客户的需求，围绕客户的需求展开工作，最终得到客户的认可，将订单达成。

如果我们抱着事事都想分一杯羹的想法，精力过于分散，那么结局就是：纸上谈兵头头是道，落实到行动时便缺乏执行力度，最终一无所获。

策略思维是优秀与平庸的分水岭，鉴于此，我们可以将策略思维从以下三个阶段来进行验证和训练。

◆第一个阶段称为流程思维

策略思维在第一阶段的验证和训练过程中，大家只需要按照预定的流程走便能达到目的，因此，第一阶段的流程思维又被称为“九段秘书”思维。

例如，董事长或总经理秘书在下达和安排上级领导的工作会议时，要力争从发通知、抓落实、重检查、勤准备、细准备、做记录、定责任、追结果、做流程这九个方面去规范和强化会议的流程，以此来促进会议的顺利进行。

◆第二个阶段称为底线思维

当然，我们在按照流程思维来开展工作时，也不要沾沾自喜，以为这样就能万无一失。我们也要根据实际情况来预估一些不良风险，从而采取一些应对的策略。

2017年，上海的闹市街头出现了一种名为“无人面馆”的智能机器，这种机器占地面积不大，且能代替传统的人工煮面。顾客只需要通过手机扫码付款成功，机器便能自动煮面。“无人面馆”一经问世，便引起了众多消费者的观赏与驻足，最吸引人的莫过于每碗不到10元的价格。

可半月之后，“无人面馆”便因一些弊端被相关部门叫停了。为什么叫停？因为“无人面馆”不同于传统的店面监管，其安全性与风险性令相关部门无法评估与监管，所以无法在市场上站稳脚跟是其必然趋势。

而且，作为一种新兴的行业，其短期内还无法涌现出大量的竞争者，因此在策略思维进行验证的第二阶段，站在底线思维的角度上来说，监管部门的短暂叫停不足以对“无人面馆”形成致命的打击。

◆第三阶段是外包思维

在职场中，一些企业在开展项目或处理问题时，为了加快进度，提升效率，节约成本，会聘期一些外包公司来救场。在这方面，成立于1995年的博彦科技便是IT服务及行业解决方案的优质提供商，专为IT、程序开发、ERP和BPO（业务流程外包）等服务。

博彦科技创立从最初的4人小团队，从不到10万元的首单做起，一步一步运用策略思维中的第三阶段——外包思维，并发挥着其最佳水平，且与微软、SAP、T-systems、淘宝等众多知名企业形成了良好的合作关系，并将解决问题的方案变得多样化。

世界知名企业微软为什么要跨国与博彦科技合作？究其根本便是微软为了节约生产过程中的人力、物力和时间，所以才不惜千里迢迢将业务外包。

也正是因为博彦科技保质又保量的服务，使得其在外包领域的项目越做越广，囊括了惠普、IBM、索尼、雅虎、SUN、英特尔等众多客户，而这种外包思维模式便是策略思维里最直接、最集中的体现。

无论是以上哪种思维模式，在实际的工作中，还是要三者相结合，从流程思维、底线思维和外包思维三个阶段来共同验证和训练工作内容的正确与否及是否适合自己，以此来帮助自己规避风险，健全流程，获得最后的成功。

普通人如何培养自己的策略思维？

既然策略思维对我们的个人发展如此重要，那么我们应该如何培养自己的策略思维能力呢？接下来，就为大家分享一套策略思维的养成方法。

◆学会分析问题

生活中很多人经常戏言：要勤动脑，让大脑思维保持活跃度，否则大脑不思考，整个思维就会僵化，随之而来人们的反应就会变得迟钝。虽是一句戏言，但却不无道理。所以，我们在日常接收和处理问题的同时，便要开始学会分析问题。

在分析问题时，大脑在不断地运转、加工和处理的过程中，会产生一些新颖奇特的想法，这不仅有助于解决问题，还能缓解日常的工作压力与不良情绪。这样也能帮助我们在做事的过程中提升自信心和快速思考的能力，以此来获得更多的历练，得到更好的成长。

◆学会独立分析

学会分析问题才能有针对性地解决问题，但在分析时我们也要注重独立性，对于一些拿捏不准或有疑问的事情，不妨找资料在网上参考一下。当然，找到了答案后我们也要进行多方面对比透彻的分析，千万不能囫囵吞枣似的对一些答案偏听偏信。

◆反惯性思维

成功人士除了收获掌声与鲜花外，其成功之路总是让人羡慕，但再怎么羡慕，其成功之路都不能复制粘贴。与其仰望他人的成功，倒不如运用反惯性思维，尝试多角度或用逆向思维的方式去研究他人为什么失败。只有从失败中汲取经验和教训，才能逐渐摸索和掌握到一套最适合自己的策略思维方式，从而让自己得到更多、更长远的进步。

◆接受新事物，提高创新性思维

无论是天真无邪的孩子还是身经百战的成年人，每个人的内心或多或少都会有好奇心的存在。也正是在好奇心的驱使下，使得人们心中拥有了不断获取新鲜事物的动力与灵感，并在动力与灵感的基础上不断升华，产生一些创新型思路。

假设你想开一家充满景观趣味的原野酒店，那么每一间房间都应以景点的特色为主体，才能更好地吸引人。如云南的洱海、四川的九寨沟等。只有深入景点了解它们与众不同的地方，在酒店房间的布置上才能极具创意，得到客户的青睐。

而这一切的前提条件便是接受新事物，提高创新性思维。唯有如此，才能在接受新事物的过程中学习到一些知识和经验，为以后的发展积蓄力量。

◆从不同的角度出发去思考问题

值得注意的是，想要培养自己的策略思维，我们还要学会从不同的角度去看待和思考问题，这样问题才会更全面地展示在我们面前。

任何一个人，在遇到问题并对问题的前因后果展开分析讨论时，大部分都是从外部与内部两方面入手。但若学会从不同的角度出发，我们便可以从个体与群体、时间、空间、他人等这些角度去思考，让想象力插上翅膀，尽情地挥舞与释放，让策略思维的能力在此过程中得到不断的提高。

Part2

运用策略技巧，在人生博弈中扩大胜面

第3章 目标策略：设定可实现的目标，并高效达成目标

目标是灯塔，是指引前进的方向。在漫长的人生道路中，许多人总是会为自己设立各种各样的目标，遗憾的是，“理想很丰满，现实很骨感”，在实现目标的过程中，总是会遭遇许多的困难与阻力。而要改变这一现状，高效实现所设立的目标，就离不开“策略”的帮助。

为什么要给自己确立目标?

职场面试时，很多人都会被问到这样的问题：

“你对未来的职业生涯是怎样规划的?

“进入公司后，你希望短期内能实现哪些目标?

……

可能有的人抓耳挠腮也给不出一个详细具体的答案吧！因为目标太多、太杂、太笼统，一时间竟不知该从何说起。生活中不乏这样的人，平时兴高采烈地谈论自己的宏伟蓝图，可一到关键时刻，就说不出个所以然来。

这样的人对自己的人生没有目标感，余生注定平凡度日。因为大多数成功的人生都是一个有目标感的人生，我们可以十分肯定地说：“一个清晰的目标对人的一生都起着决定性的作用，左右着他未来的发展。”

2018年7月，一则新闻报道刷屏朋友圈：河北女孩王心仪707分考入北大，写下《感谢贫穷》一文，感恩贫穷让她幼年时便开始为自己确立目标，一路走来成长为更好的自己。

原文是这样说的：

我来自一个普通但对教育与知识充满执念的家庭。母亲说过，这是一条通向更广阔世界的路。从那时起，知识改变命运的信念便深深地扎根在我的心中。

母亲早早地教我开始背诗算数，以至于我一岁时就能够背下很多唐诗。她让我比别人早上一年学，并不是因为自己的攀比心理，而是她盼望着我更早地摆脱蒙昧与无知。来自真理与智慧的光明，终于透过心灵中深深的雾霾，照亮了我幼稚而懵懂的心。贫穷可能动摇许多信念，却让我更加执着地相信知识的力量……

记得初一一个男生很过分地嘲弄我身上那件袖子长出一截的“土得掉渣”的棉袄，我哭着回家给妈妈说，她只说了一句：“不要理他，踏实做事就好。”

是的，何必纠结于俗人的评论，那不过是基于你的外表与穿着，若他无法看到内里的自我，不睬他也罢。人生的路毕竟不是走给别人看的。那件衣服我穿了初中三年，那句话我也记到现在。

贫穷带来的远不止痛苦、挣扎与迷茫。尽管它狭窄了我的视野，刺伤了我的自尊，甚至间接带走了至亲的生命，但我仍想说，谢谢你，贫穷。

感谢贫穷，让我领悟到真正的快乐与满足。

感谢贫穷，让我能够零距离地接触自然的美丽与奇妙，享受这上天的恩惠与祝福。

感谢贫穷，让我坚信教育与知识的力量。

感谢贫穷，赋予我生生不息的希望与永不低头的气量……

——摘自王心仪《感谢贫穷》一文

正是因为从小受到的熏陶与感染，使得王心仪将知识改变命运作为自己的信念与目标，无论贫穷让她经历了怎样的苦难与失意，她都能坦然面对。在追逐目标的过程中，创造知识改变命运的奇迹，也正是目标的确立，使得她之后的人生注定不再平凡。

现实生活中，并不是每位父母都能教会孩子确立目标感，也并不是所有人都能给自己确立明确的目标。当年的8月，网上又曝出了一则新闻：温州乐清滴滴顺风车主杀人，据调查凶手是一名留守儿童，长大后才回到父母身边。

其他方面我们不做过多评判，但站在教育的目标层面上来看，我们可以发现有目标感与没有目标感的人，最终结局完全不同。一个清晰明了，知道自己需要什么，该朝哪方面去努力奋斗；一个稀里糊涂，不知道人生目标是什么，以至于走上违法犯罪的道路。

也许有人说“滴滴顺风车的例子毕竟是少数”，不可否认这样的极端例子是少数，那类似于王心仪之类的贫穷家庭应该很多了吧！可又有多少人能像王心仪的母亲那样，从小便培养孩子的目标感，再苦再累也要坚持供孩子上学?

现实版本里，很多贫穷家庭都是女儿早早外出打工贴补家用供弟弟上学，或是举家外出打工，挣钱买房买车结婚生子。沿海的工厂流水线上多的是这样的人，即使家庭条件比王心仪家要好很多，但这些父母却从来没有教会孩子设立人生目标，以至于他们长大成人后对自己的未来一片茫然，全然不知脚下的路该走向何方?

知乎上曾有人问：一个清晰的目标对人的一生有多重要?

有多重要呢?让我们一起来看：有目标的人会给自己定下一个目标，然后朝着目标一步步努力奋斗，最终达成所愿；没有目标的人做事稀里糊涂，找不到前进的方向，最终碌碌无为。这便是目标对一个人的重要性，可以说目标是一个人成功的重要源泉。

就拿职场来说，为什么面试主考官总喜欢问“你对未来的职业生涯是怎样规划的？”“进入公司后，你希望短期内能实现哪些目标？”之类的问题，究其原因，就在于这些问题背后所折射出来的意义：目标感。

假设一个求职者能在主考官面前清晰明了地说出自己的目标规划，即使是短期内的，也足以证明此人是一个善于思考的人，主考官一定会高看一眼。

因为我们有理由相信，一个懂规划、懂得为自己设立目标的人，在目标的一步步牵引之下，不需要他人督促，就能自觉而认真地去努力做好每一件事。把这样的人招进公司，百利而无一害，面试官又有何理由拒绝呢?

我们知道，篮球设置篮筐，才知道是否投中；赛跑设置终点，才知道是否能破记录。同样，人生设定目标，才知道是否能够取得成功，可以说一个带着目标感的人生，才是最高效的人生。

为什么要给自己确立目标？很简单，为了人生之路不再走得迷茫与彷徨；为了更好更快地实现自己想要的一切。也只有确立目标，我们才不会浪费光阴在一些毫无意义的事情上。那么设立目标的好处主要体现在哪些方面呢?

◆增强自信

一个人确立目标后才能拥有为之努力奋斗的决心与勇气，并在目标实现的过程中积聚自己的底气与实力，从而增强自信，拒绝平庸。

◆避免无谓付出

有了目标后，可以根据目标的大小、难易、时长来做一个合理的规划与安排，避免无谓的付出和浪费。

◆**集中精力**

有了目标才能集中精力认认真真去做好一件事，才不至于被其他琐碎的事情所困扰，整日忧心伤神。

◆**激发潜能**

在目标的实现过程中，一些不为人察觉的潜能也逐渐被激发出来了，各方面的能力都得到了提高。并且，完成目标后带来的成就感也会给生活平添一丝乐趣与喜悦。

◆**目光敏锐**

一个人确立了目标，心中所思眼中所看皆会向目标看齐。如此，看待事物的目光也会敏锐一些，洞察力也会更强一些。

以上五点便是确立目标的好处，也是人为什么要给自己确立目标的最佳答案。

人生苦短，一个人与其没有目标碌碌无为地过一生，不如确立目标明明白白地过一生，勇敢拼搏大放异彩地过一生。

哪怕，最终的目标没有实现，至少我们曾经努力过、拼搏过。如此，待年华老去回首往事时，才不会因虚度年华而悔恨，因碌碌无为而羞耻，哀怨自己辜负了这一生最好的青春年华！

把大目标细分成若干个小目标

在本节开始之前，先来看这样一个故事：

在一场体育赛事上，记者采访一位长跑冠军，询问他取得胜利的秘诀。他说："我每次在比赛前，都会事先侦察一下我即将要完成的目标任务，然后把途中具有一些中心标志的事物牢记在心中，之后在正式比赛时便以此为小目标，完成第一个小目标后，再继续向第二个小目标前进……直至到达最后的终点。我就是靠着把大目标分解成若干个小目标的方式来释放压力，缓解紧张情绪的。这样心里没有压力，在完成目标时自然也能全力以赴，发挥出最佳水平。"

无论是体育赛事还是日常的工作与生活，那些稍稍努力就能完成的目标都会给我们内心带来一种希望。这种希望会让我们觉得胜利的曙光就在眼前向我们招手示意，只要我们再稍加努力就能到达终点，这会在无形中给予我们强大的自信。

这也就是说，在实现目标的过程中，若想让目标"跳一跳"就能够得着，完成得又快又好。我们就要试着将目标细分，将大目标分解成若干个小目标，这样才有利于整体目标的完成。如果对大目标不加以细分，就有可能造成临近终点却轻易放弃的局面。

无独有偶，黄小飞就是败在这一点上。

深冬的一天，黄小飞和众多爱好冬泳的人一起参加了一项冬泳比赛，准备横渡长江。比赛当天的雾很大，能见度低，就连一旁负责安全护送的船只看着都有些模糊不清。

在冰冷刺骨的江水中游了3个小时后，黄小飞感觉非常疲惫，望着前方一眼望不到头的终点，他有些动摇了，勉强再坚持了一会儿，他就让护送的人员把他拉上了船。上了船后，黄小飞才知道，自己只要再坚持在水中游半小时左右，就可以顺利到达终点。

后来，当记者采访他时，他说："如果当天没有浓雾，我能看到对面的终点，不管再艰难，我都会把最后的半小时坚持下来。"

游泳也好，工作也罢，这种情况相信很多人都经历过，因为看不到终点，所以误以为目标很遥远，结果便轻言放弃。反之，当我们能清晰看到胜利的曙光时，便能咬紧牙关，鼓起勇气一路坚持下去。

古语有云："不积跬步，无以至千里；不积小流，无以成江海。"千里之路，也是由一步一个脚印的小步积累而成的；汹涌澎湃的江河，也是由涓涓细流汇聚而成的。其实，生活中的事情也一样，大事都是由小事一点一滴汇聚而成的，大目标也是由无数个小目标所组建而成的。

在实现目标的过程中，如果大目标比较难完成，那我们何不将其加以分解呢？把大目标拆分成一个个小目标，然后逐步完成，这样难度就会小一些，目标也更容易完成。

小目标容易完成，也容易获得成就感，但大目标想要实现就有一定难度了。即使刚开始实施时自信满满，但随着挫败感的增加，内心便开始不断地自我否定，并在这种否定声中慢慢放弃自己的目标，最后不了了之。

既然如此，我们何不把大目标细分成若干个小目标，先从实现小目标开始呢？小目标实现了，成就感有了，再去实现大目标或许就会容易许多。

万达集团董事长王健林在坐客陈鲁豫主持的《鲁豫大咖一日行》访谈节目时，曾说过这样一段话："很多年轻人有自己目标，比如说想做世界首富，这个奋斗的方向是对的，但为了让大目标得到切实的实行，最好先定一个小目标，比方说我先挣它一个亿。你看看能用几年挣到一个亿，你是规划五年还是三年？小目标达到了以后，再进行下一个目标，再奔10亿、100亿。"

中国首富的成功经验告诉我们，把大目标细分成小目标，这才是实现目标的最佳策略。那么在实现目标的过程中，我们应该如何做才能对大目标进行细分呢？不妨参考下面两点目标策略。

◆按时间顺序分解目标

著名文学家路遥曾在《早晨从中午开始》这本创作随笔中描述过自己撰写《平凡的世界》这部长篇小说时的情形："建立起完成目标的初步规划，大致掌握每天需要完成多少的工作量和进度。并在墙壁上罗列出一张写着阿拉伯数字1～53的表格，这些数字代表的其实是一本书稿所要完成的全部章节，每完成一章便在表格里划掉相对应的章节数字。我努力克制着自己不去想那个大目标，只专注眼前的每一个小目标，因为我知道，只有当我将小目标一一完成时，大目标也就离我不远了。"

按时间顺序分解目标的好处就在于，目标会随着时间的推移进行递增，它让我们清楚明了地知道，什么时间段内该完成什么样的目标，可以更好地督促自己。

◆**按条件分解目标**

围绕着小目标是大目标的先决条件之一、大目标是小目标的最终结果、小目标的完成是为了促进大目标的实现这样一个理论关系，我们可以将目标按条件来进行分解。

打个比方，想要买房，那么前提条件首先是要有钱，但多少钱才合适呢？此时，我们可以对买房的地段、房子的大小、首付的多少、后期房贷的利率等方面来进行分解，然后努力赚钱，一步一步朝着目标前进。

按条件分解目标时，我们还需要做以下几步操作：

第一，制定一个大目标；

第二，将完成大目标所需要的先决条件一一列出；

第三，根据条件将大目标分解成若干个小目标；

第四，将完成小目标所需要的附加条件一一列出；

第五，在完成小目标的过程中不断检查督导；

第六，如果不能有效完成，再加以细分；

第七，以大目标为最终目的，先完成分解出来的小目标；待小目标完成时，再完成最后的收尾工作。

将所有目标都完成后，我们就会惊奇地发现，能力、自信等方面得到了显著的提升，人生似乎进入了一个良性循环，做起事情来也更加得心应手了。

生活中，我们常常看到有些人占尽了天时地利人和，但做起事情来却半途而废，原因就在于他们不懂得细分目标。如果我们能运用以上两点目标策略，懂得把大目标按照条件与时间来分解成小目标，或许成功的道路上我们就能少走弯路，避免许多不必要的麻烦。

信念是
促进目标成功的基石

“信念”二字，看似简单，却给人们带来了深远的影响。有了信念，即使身处逆境，人们也能克服艰难险阻，创造惊人之举。毫不夸张地说，每一位成功人士的内心都充满了信念，也正是信念支撑和引导着他们勇敢地朝着目标前进。

哲学家阿基米德曾说：“给我一个支点，我就能撬动地球。”这句话用在职场中也同样合适。面对工作的压力与激烈的市场竞争，信念便是我们的精神食粮，它可以支撑着我们“攻无不克，战无不胜”，实现最后的终极目标。

小时候，波基尔多·连尔的眼睛因为遭受意外而受了伤，为此她只能通过残存的一点微弱视力去感知外面的世界。虽然看不清外面的世界长什么样子，但她却靠着坚强的信念把自己走过的每一条路、游玩的每一个角落都记得清清楚楚。

正是靠着这股顽强的信念支撑，波基尔多·连尔后来获得了文学学士和硕士两个学位。在此期间，她做过乡村教师、文学教授，也曾客串过某电视台的访谈类节目，在妇女俱乐部发表过动情的演讲，出版了轰动一时的畅销小说《我想看》。

很难想象，一个近乎全盲的人是如何克服恐惧，一步一步做到如今这般成就的。最后，波基尔多·连尔替我们解答了心中的疑惑，她说："在我心里不断地潜伏着是否会变成全盲的恐惧，但我以一种乐于面对的信念去面对我的人生。"

后来，在波基尔多·连尔52岁那年，她终于等到了那份迟来的光明。经过手术治疗，她的眼睛重见光明了，这次手术也使得她拥有了超常一般的视力。

很多人惊讶于波基尔多·连尔在近乎全盲的状态下，还能披荆斩棘获得成功。其实成功的背后，都与她顽强的信念离不开。即使生活赋予她痛苦的经历与无情的打击，但她从来没有丢失自己的信念，她始终坚信自己的人生一定会有苦尽甘来的那一天。

看着他人的成功，有些人常常误以为成功依靠的是得天独厚的有利条件，但波基尔多·连尔的故事告诉我们，即使没有成功的先决条件，只要有了信念，再糟糕的环境我们也可以完成目标，创造佳绩。

一个人的目标再远大，终究还是离不开信念的支撑。即使是看起来不可能完成的事情，只要有了坚定的信念，并努力为之坚持，最终就会迎来胜利的曙光。

哲学家泰戈尔说："信念，是一种精神搜索之光，它照亮了人们前进的道路，即使是凶险的环境，也能在阴影中前行……"

十多年前的汶川大地震，直到现在仍然是许多人心中难以抹去的伤痛。在大自然的灾害面前，很多人依靠坚强的信念，在地震中与死神进行着较量，创造了一个又一个奇迹。在生与死的危急关头，哪怕是过了救援的黄金72小时，依然有人靠着"我一定要活下来"这个坚强的信念支撑着，最终等来了救援……

如果没有坚强的信念作为支撑，在那样一种恶劣的环境下，人们身心俱疲，恐怕很难撑到救援部队来临。

信念是促进目标成功的基石，一个人只有拥有了信念，才能无所畏惧地朝着目标勇敢前进，最终实现自己的人生目标。

具体来说，我们如何做才能具备一种必胜的信念，并在信念的支撑下切实可行地完成自己的目标呢？以下三点“策略”值得借鉴。

◆正确的自我认知

在做任何事情之前，我们首先要认清自己，才能避免“一叶障目，不见泰山”的错误。认清自己的最大好处就在于，帮助我们建立正确的自我认知，既不高估自己的能力，也不忽略自己的劣势。

唯有这样，我们才能取长补短，找到一个最适合的位置，从而将自己的优势发挥到最佳状态，并逐步建立起自己的信念。

◆建立合理的期望值

一个人若总是自我设定一些高难度，或与自己的能力完全不相符的目标，只会在这种不切实际的目标状态下失去前进的方向与动力。

因此，我们只有根据自身实际情况，建立合理的期望值，才能有助于建立一个必胜的信念，让信念支撑着我们战胜困难与挫折。

◆提高认知水平

目标能否完成，是成功还是失败，我们不能笼统地归咎于某一方面的责任，它其实与个人能力、目标大小、外在环境等方面有着必然的关联。认识到了这一点，我们就要从每次的失败中汲取经验，努力提高自己的认知水平。

策　略

从某种程度上来说，信念也可以说是一个人的目标，两者相辅相成。有了信念作为支撑，目标才能更好地完成；有了目标的牵引，信念才能促进目标更高效地完成。

“世上无难事，只要肯登攀”，只要心中坚持一种必胜的信念，再远大的目标也能实现，相信自己，可以的！

准确定位，才能事半功倍

在这个物欲横流的时代弄潮下，处处充满着诱惑与陷阱，如果我们不能抵挡住这些诱惑，就很容易迷失人生的方向。若想摆脱这种迷茫的境地，让人生走上一条正确的轨道，我们的首要任务就是对自己的人生目标进行准确的定位。

可惜的是，很多人都没有意识到这一点，在实现目标的过程中定位不准确，一路奋勇直前却一无所获，最终让自己的人生步入了一条死胡同。

《红楼梦》里的晴雯便是这样一个对自己的人生目标不能准确定位的人，明明是个丫鬟命，却偏偏心比天高，仗着略有几分姿色、老太太喜欢，便妄想一步登天成为“宝二奶奶”。于是，自恃清高的她欺负等级低的小丫头、挤兑袭人、讥讽院里的老婆子，结果引起了众怒。当王夫人依规矩处理她时，除了她心心念念的宝玉抽空去看了她一次后，几乎没人搭理她。

生活中我们也常常犯下类似的错误，有些人可能会在心里纳闷：为什么我朝着目标一路前进却越走越迷茫呢？实际上这就是目标定位不准确而导致的，如果强行走下去，最终的结果便是失去了雄心壮志，迷失了青春梦想，枉费了时间精力，耽误了大好年华。

这种一无所获的结果，相信是谁也不愿看到的结局。

因此，我们只有给自己的人生目标进行一个准确的定位，才能在有限的时间与生命里，创造出无限的可能与精彩；只有准确定位，我们才能更好地朝着目标前行；只有准确定位，我们才能在实现目标的过程中一心一意，创造生命的辉煌。

在脱口秀节目《吐槽大会》里，有一期的嘉宾是著名钢琴家郎朗。在节目里，郎朗向观众们讲述了他一路成名的心路历程。他的成名，除了得益于父母提供的成长环境、物质生活等条件外，最重要的还离不开一个准确的人生目标定位——弹钢琴。

有了定位后，郎朗便在弹钢琴这个目标的指引下，一直坚持不懈地努力着。无论日后能否成为著名的钢琴家，他都一步一个脚印认真踏实地在这条路上走着，每提升一个级别，每获得一个奖杯，对他都是一个莫大的鼓励。

因为找准了自己的目标定位——弹钢琴，所以他早也弹、晚也弹、家里弹、学校弹……只要有机会可以让自己弹钢琴，他从来都不肯错过。也正因为如此，他的造诣越来越高，最终成了世界级的钢琴家。

大千世界，芸芸众生，每个人都有自己的理想与目标，理想能否实现，目标能否完成，关键就在于能否找准目标定位。例如，有的人做销售，有的人做管理，有的人在工厂上班……我们不妨在内心反问自己，自己所从事的岗位工作是不是符合人生目标的定位，是不是最终的目标追求？如果答案是肯定的，那我们就可以义无反顾地坚持走下去，直到目标达成。

准确定位，才能事半功倍。接下来我们要如何做，才能给自己的目标进行准确定位，才能让目标实施起来事半功倍呢？以下几点策略值得借鉴。

◆看清时代的走向

想要对目标进行准确的定位，自然要看清方向感，即所谓的当今时代的走向。而看清时代走向就需要我们平时对一些资讯与前沿信息多一些了解，保持一定的敏感度，这样才有助于我们看清时代的走向，因时制宜，结合自身的实际情况来做一个精准的分析、定位。

◆小不忍则乱大谋

如果一点小事都沉不住气，缺乏耐心，那又如何能成就大事呢？在对目标进行准确定位时，无论发生何种情况，我们都要保持理智与冷静，唯有这样，做出的定位才能准确而客观。否则，冲动之下失去理智，便很难做出正确的判断。

◆高瞻远瞩，洞观全局

想要准确定位，我们就不能只站在自己的立场上来考虑问题，也要高瞻远瞩，洞观全局。尤其是在实现团队目标或人生目标时，更要全方位地考虑问题，唯有这样，定位才能准确，目标才能更高效地达成。

◆具备创新意识

一个人若具备了创新意识，其思想与认知就会提高不少，相应的格局与眼界也会开阔一些。这样，在给自己的人生目标做定位时也会更高、更准确一些，目标在实现的过程中也能更顺利一些。

◆**有主见不盲从**

为什么有些人有了定位，但目标却很难实现呢？原因就在于这类人总是随波逐流，轻易被身边人的思想行为左右，在这种情况下，想要完成目标恐怕不太容易。因此，我们需要做到有主见不盲从，找准目标定位，并坚定不移地走下去。

我国台湾著名漫画家蔡志忠先生曾说过这样一句话："大多数人在生活的跑道上都盲目地跟着别人跑。我觉得要紧的是先停下来，退到跑道边，先反省自己，弄清楚'我是谁？我能做什么？我怎么去做？'然后按照自己的方式去跑。"

没错，认清了自己，想明白了该怎样去做后，按自己的方式去奔跑，这才是实现目标的最佳策略，而这也就是我们所说的准确定位。

当我们准确地定位了自己的人生目标后，自身潜能便很容易被激发出来，其做事的积极性也会高一些；当我们不能准确地定位自己的人生目标时，内心就会充满迷茫与困惑，态度消极，对身边的事物失去兴趣。

一个人把自己定位在什么样的位置，日后便会成为什么样的人。准确的定位，会让我们做起事情来得心应手，会让我们在实现目标的过程中事半功倍，更快到达成功的巅峰。因此，我们需要从现在开始，从身边的小事做起，运用以上几点策略去准确定位自己的人生目标，创造人生的辉煌。

根据自身优势来设定可实行的目标

生而为人，无论是高高在上的成功学者，还是普普通通的街头小贩，每个人都有自己的优势。很多人时常感叹他人成功是因为机遇好、出门遇贵人，自己落魄是因为上天不公平或者运气不好。

其实，并不是这样。这类人之所以没能取得成功，是因为他们没有找准自己的优势。

找不准优势，做起事情来就会出现“风马牛不相及”的情况，付出的时间再多，收获的成效却甚微。所以，在这个“物竞天择，适者生存”的时代弄潮下，我们需要根据自身优势来扬长避短，这样付出的努力才不会白费，制定的目标才能高效率地完成。

有些人对此不以为然，说：“创业需要资金，也离不开各方面的条件支持，没有条件支撑，我仅凭自身优势能完成目标吗？”当然可以。虽然资金是必需品，条件也是不可或缺的，但若这两样都不具备时，我们照样可以根据自身优势来设定可实行的目标。

例如，一个刚刚踏入社会的大学毕业生，没有资金，没有人脉，可谓是两手空空，赤膊上阵。表面看起来他似乎没有任何资本，但实际上他具备了一些职场前辈所不具备的两个优势条件：

首先，两手空空就是他手中最大的资本，代表他可以无所畏惧，不受任何束缚地勇往直前。

其次，正如有句话说“初生牛犊不怕虎”，在没有经历社会的洗礼之前，其大脑的思维活跃度与敏锐的嗅觉，有助于他挖掘出一些他人不易察觉的市场需求，努力造就一个全新目标前景。

新东方教育集团创始人俞敏洪在申请办理出国签证遭拒后，他利用自己敏锐的嗅觉与英语方面的优势，做起了英语培训。最终他凭借自身优势，将一家以6个学生起步的小培训机构一步步做大、做强，做成了世人瞩目的新东方教育集团。

一路走来，他不仅改变了自己的人生轨迹，也给众多渴望知识的学子们带去了福音。

其实，在俞敏洪最初创业的那几年间，每个大学校园里也有一些专门针对英语培训学习的培训班。但却没有人像他那样，懂得凭借自身优势来设定目标，并将自己的目标高效完成的，一步一步做到世人皆知。

当今社会，一个人只有根据自身优势来设定可实行的目标，才能让自己更好地完成目标。那么，我们应该如何做，才能找到自己的优势呢？不妨采用以下策略。

◆相信自己，充满自信

无论任何场合下，自信都是不可或缺的。一个充满自信的人，往往可以由内而外地散发出一种吸引力，即使是不太相熟的人也可能被对方的自信所折服。

尤其是在人多的场合下，自信的人会不由自主地充当起领导人物的角色，甚至主导着他人的一言一行。所以，相信自己，让自己充满自信也可以演变成一种优势，它可以让我们在社交中发挥优势，积极开展出更多有价值的人际关系。

◆认清自己，找准优势

优势是什么？优势就是自己在某些方面有所擅长，而这擅长的方面既不是人人都会的，也不能是太过于普通的。一个人只有认清自己，才能找准优势，从而利用优势去制定可实行的人生目标。

生活中，为了缓解疲劳、散散心，有的人会在闲暇时四处旅游。表面看起来，旅游除了游山玩水外，似乎学不到任何东西，其实不然，旅游也可以作为一个人的优势。为什么这么肯定呢？

一个人若经常旅游，所见所闻多了，内心的感受与阅历自然也比一般人要丰富许多。另外，由于旅游的关系，自然要入住一些不同级别的酒店，品尝各地的特色小吃，感受各地的服务差异化，这些便是他们的优势。利用这种优势，他们可以去做导游、旅游体验师、酒店体验师等职位。

值得注意的是，在利用这些优势来设定可实行的目标之前，我们还必须要不断强化自己的技能，提升自己在这些方面的体验感，并反馈一些有价值的建议与意见。如此，才能将自己的优势发挥到最佳状态。

◆找到自己的不可替代性

所谓不可替代，也就是独一无二，能让他人羡慕却又无法超越的某种特质。正因为这种特质具有一定的特殊性，所以不易被人察觉，但这种不可替代性恰恰又是我们所具备的最大优势。

因此，自己的不可替代性需要我们擦亮眼睛去寻找，如此才能根据优势来规划自己适合于什么样的目标。

想要设定切实可行的目标，并高效率地完成，我们不妨运用以上三点目标策略去挖掘和发现自身优势，让优势成为我们实现目标的最好捷径。

第4章 执行策略：执行到位，结果才不会错位

理想的实现除了坚持不懈的努力外，还需要高效的执行力。一个缺乏执行力的人，即便怀揣再大的理想，也只能被称为“言语上的巨人，行动上的矮子”。而执行绝不是鲁莽蛮干，必须讲究一定的策略。

执行不力，再好的想法也是空谈

无论是在生活中还是工作中，不乏一些投机取巧、偷奸耍滑之人，目光短浅的他们误以为偷奸耍滑可以让自己走上捷径，可以让自己省时省力。

殊不知，偷奸耍滑只会给人一种不负责任的印象。尤其是在工作中，偷奸耍滑之人是绝不会得到领导重用的，反而还会遭到领导的厌恶。

说到这里，我们先来看这样一个案例：

周小双与刘洋是大学同班大学，所学专业也是一样的。毕业后，二人整天穿梭在人才市场，找了好久都没有找到一份合适的工作。一番折腾下来，二人便降低了自己的求职要求。

降低要求后，二人得到了一家公司跑腿打杂的职位。虽然薪资不高，可不好意思开口向家里要钱的周小双，思虑再三便决定接下这份工作；但心高气傲的刘洋却满不情愿，他觉得一个大学生做一份不需要任何技术含量的事实在是大材小用。迫于生计，最后他还是决定暂时屈就在这家公司干一段时间。

策 略

心态不同，做起事情来的执行力度便不同。周小双对待工作认真仔细，不敷衍，每天都将工作区域的卫生打扫得干净整洁；而刘洋则恰恰相反，抱着得过且过的态度，做事总是敷衍了事，就连简单地扫个地他都扫不干净。

对于二人截然不同的行为表现，老板全部都看在眼里。想到他们刚踏入社会，可能有些不适应，心胸宽广的老板便没有过多计较。可刘洋一而再再而三地将老板下达的任务当作耳旁风，一味地投机取巧拒不认真执行，最后连试用期都没过就被老板炒了鱿鱼。

一个普通大学出来的毕业生，没有经验与阅历，又眼高手低，缺乏执行力度，想要找到一份合适的工作谈何容易？因此，几个月过去了，刘洋依然在人才市场里徘徊。

反观周小双，无论老板在与不在，只要是老板安排的任务，他都立即去执行，既不拖延也不抱怨。一年后，老板对他的表现非常满意，让他去车间做了一名技术学徒。因为不耻下问，再加上他有着良好的执行力度，两年的学徒生涯结束后，老板再次提拔他做了车间主管一职，职位和薪水都上了一个新台阶。

而他当初的同班同学刘洋，却在一个毫无保障的小工厂做着一名最普通的车间工人。

“三百六十行，行行出状元”，一个人无论从事的是何种岗位的工作，只要不偷奸耍滑，认真贯彻执行老板安排的工作任务，即使眼前苦一些、累一些，最终也能收获甘甜，享受成功的喜悦。

要知道，一个人认真工作并不是为了老板，而是为了以后的自己，为了将来的某一天不后悔今天所做的决定，不埋怨自己当初不努力工作。所以，我们要认真对待自己所从事的每一份工作，认真执行老板所分配的工作任务。只有这样，我们才能获得更多的收益，成长为更好的自己。

很多人常常纳闷，为什么一起毕业的同学在工作几年后差距竟如此明显？为什么有的人有车有房做领导，有的人却依旧只是一个小职员，依旧在租房度日？

抛却其他外在因素，大部分原因其实来自他们在工作中的执行不力。职场中，不乏一些好逸恶劳混日子的人，这样的人抱着“做一天和尚，撞一天钟”的想法，其执行力自然也差。

同样的工作任务，领导安排下来后，执行力强的人立马就去做，执行力差的人不仅拖延完成，还要偷奸耍滑打折扣才能完成。在他们看来，既然是混日子，那就得“混”才行，否则都对不起自己。

久而久之，执行力强的人与执行力差的人之间的差距便显现出来了，这也是有的人升职加薪，有的人原地踏步的原因。归根究底，其实还是差在执行力上面。

在电视剧《亮剑》里有这样一个细节，李幼斌扮演的李云龙在与政委商量挑选一些会点拳脚功夫的战士，成立组织一个突击小分队时，政委说：“嗯，这想法不错，交由你负责，你抓紧时间去落实。”

李云龙一听这话，说：“不用抓紧时间，我现在就去落实。”

正是因为李云龙的执行力超强，所以他才能带出一只具有超强作战力的部队，无论是在战场上还是日常的训练指导中，做起事情来从不拖泥带水。

执行不力，再好的想法也是空谈。那么，我们应该如何做，才能改善做事执行不力的局面呢？不妨看看以下几点策略。

◆改变自己的心态

有些人在做一件事情时，之所以出现执行不力的情况，就在于心态问题。内心不情愿去做，可又不得不去做，在这种矛盾纠结的心理状态下，其执行力也会差一些。

所以，这就需要我们从改变自身心态开始，以一种愉悦的心情去看待即将要做的事情，这样心情好，做事时的行动效率自然也就高一些。

◆缩小个人目标

除了心态问题外，有时执行的目标过大也容易造成执行不力，因为目标太大容易给人形成一种心理压力，使得人们在这种压力下逐渐放弃执行的想法。

想要避免这种情况，不妨从缩小个人目标开始。这样目标小一些，完成的期限短一些，其执行起来也会容易一些，就能有效地改善执行不力的情况。

◆反复多次提醒自己

大多时候，人们内心都很清楚明白地知道自己该做什么，不该做什么，只是由于心中的惰性而一直拖沓。

在这种情况下，我们就要反复多次地提醒自己该做什么，不该做什么，并强调这件事情做完后带来的好处。这样，不仅可以杜绝执行不力的局面，还有助于将想法变成现实，何乐而不为呢?

◆持续跟进某一件事

在做某件事或完成某项工作任务时，我们不能因为看到一点成效就沾沾自喜，放松对自己的要求，否则就会造成执行不力半途而废的结局。

所以，这就要求我们在执行时，持续跟进某一件事，并一鼓作气直到这件事情完成为止。长此以往，自然就能改善执行不力的情况。

◆做好工作计划与总结

要想改变执行不力的情况，还有一个最有效的方法，那就是做好工作计划与总结。此举有利于提升自己的紧迫感，并对照需要完成的事情做出一个切实可行的计划与总结，好的方面继续保持，坏的方面勇于丢弃，如此一来做事的效率提高了，执行力度也会相应地加强。

执行不力，再好的想法也是空谈，再好的机遇也会白白错失。一个人若想人生大放异彩，若想成为成功人士，不妨从现在开始做起，运用以上几点策略去改变执行不力的局面，脚踏实地认认真真地做好每件事。

不要羡慕他人光鲜亮丽的生活，也别抱怨自己的人生穷困潦倒，青春有梦便勇敢去追，并在追梦的过程中认真执行，只有这样，梦想才能离我们更近一步，成功才能让我们触手可及。

想要实现理想，提升执行力是关键

我们都知道，一个人要想实现自己的人生理想或某一阶段的目标任务时，一定离不开高效的执行力。执行力为什么这么重要呢？因为“三分战略，七分执行，成就十分目标”，在目标实现的过程中，执行力可以帮助我们更好地将一件事情落实到位。

可以毫不夸张地说，一个人若没有执行力，再完美的目标任务也是一句空谈。只有认真贯彻执行力，并将执行落实到位，目标任务才有可能一一实现，我们才有可能获得成功。

说到富士康，很多人都会想到它的创始人郭台铭，同时他也是台湾鸿海集团的董事长。很多人好奇，为何当年的穷小子能够一飞冲天，从一家制造黑白电视机旋钮的小作坊起家，成为我国台湾民营制造业第一，甚至超越台湾“半导体教父”张忠谋、“笔记本电脑之王”林百里，这其中有着怎样的奥秘呢？答案便是执行力。

在郭台铭的日常行程安排中，他常常会随身携带一个闹钟，用来随时随地提醒自己不可拖延工作。为了将公司做大做强，让产品享誉海内外，忙起来时他可以两天两夜不睡觉，在生产线上加班加点地赶货；为了开发新技术，他也可以连续好几个月不回家。

也正是凭借着一种超常的执行力，所以他一路走来，最终成就了自己的商业帝国。

一个人在实现目标任务的过程中，执行是否到位，将是判断其优秀与平庸最重要的依据。知道了执行的重要性，可大家知道执行力又来自哪里呢？毫无疑问，执行力来自一个人的责任心。有了责任心，其执行的力度相应也会提高，人们才会在责任心的驱使下，认真仔细地完成一件事、做好一件事，这便是执行力。

如果把我们自己比作一颗螺丝钉，看上去虽然不起眼，但实际却很重要。一台精密的仪器如果缺少了一颗螺丝钉，就有可能停止运转，需要找工程师维修，此举既费时还费力；但如果每颗螺丝钉都安装到位，这种情况便不存在了，其工作效率自然也高。

想要实现理想，提升执行力是关键。换言之，若每个人在实现目标任务的过程中，都能充分发挥自己的执行力，那么个人发展与公司发展自然能够上升一个新台阶。

具体说来，我们应该如何提升自己的执行力呢？以下几点“提升策略”可供参考。

◆不为任何行为找借口

一个成功之人从来不为任何行为找借口，只会绞尽脑汁想方设法地面对问题，解决问题。所以，想要提升自己的执行力，那么无论遇到任何困难阻碍，我们都不能找借口、找理由去逃避，一定要认真对待。

◆摒弃囫囵吞枣式的盲目执行

提升执行力，并不是要求我们对领导的命令囫囵吞枣盲目执行，而是有效地加以区分，否则盲目地执行，还不如不执行。

◆培养自己的自律性，摒弃拖延症

一个人的行为习惯对其一生都将产生重大而深远的影响。在职场中，很多人对待工作拖拖拉拉，不到火烧眉毛的那一刻，绝不会主动、提前去完成工作。久而久之，习惯成自然，也就患上了拖延症，这其实也是我们所说的缺乏执行力的一种表现。

想要提升执行力，就需要我们改变心态，培养自己的自律性，摒弃拖延症。唯有这样，我们才能化被动为主动，自觉地去完成一件事，我们的执行力才能得到提高。

◆加强过程控制，并再三跟进

任何一个目标任务的完成，都不是一蹴而就的事，在此过程中有可能出现松懈的情况。一旦出现这种情况，目标任务便有可能前功尽弃。

这种情况下，最好的办法便是在目标任务实现的过程中，加强过程控制并再三跟进，一边跟进一边提升自己的执行力。这样执行力提升了，目标任务也完成了，岂不是两全其美？

◆注重团队合作精神

和尚挑水的故事相信很多人都听过：一个和尚挑水喝，两个和尚抬水喝，三个和尚没水喝。为什么人多了之后，反而没水喝了呢？

很简单，因为他们不懂得团队合作，缺乏执行力，所以谁也不肯吃亏，谁也不肯听从他人的安排，缺乏执行力的最终结果便是没水喝。

从这个寓言故事中，我们可以看出团队合作的重要性。在目标任务实现的过程中，我们只有注重团队合作精神，互帮互助，在团队成员的带动下才能更好地提升自己的执行力，并出色地完成任务。

不懂沟通协调，盲目奉行只是白费力气

无论在生活中还是工作中，我们经常会碰到这样一类人：

在执行某件事情时，他们总以为自己说什么做什么都是对的，不沟通不协调，自以为事情本来就是这个样子的，自顾自就悄悄解决了。

本以为想悄悄把事情做好了，给领导和同事一个惊喜，借此来证明自己的工作能力，哪知惊喜没有，却给自己带来了惊吓。

要知道，一个自以为是、不懂沟通协调的人是绝对做不好工作的。因此，我们需要摒弃这种错误的观念，并从这种思想中挣脱出来。如此，才能提升执行的效力，才能更好地完成某件事情。

不懂沟通协调，盲目奉行只是白费力气。那么，我们应该如何沟通协调，才能更好地发挥执行的功效呢？不妨来看看下面三点策略。

◆拿不准的事，问好再做

很多人在执行某件事情时，常常会犯这样的错误：拿不准的事情，先干了再说，干了总比不干要强，结果吃力不讨好，事情没做好不说，还给自己惹来一身的大麻烦。

从某些方面来说，干比不干要强，因为这类人至少对待事情的态度是端正的。但换个角度想，事情干砸了，留下了一堆烂摊子，自己还要花时间花精力去收拾，何必呢？因此，拿不准的事情，问好了再做也不迟，千万不要自作聪明。否则，就会给自己给公司带来一些不必要的损失与麻烦。

杨艳丽在一家公司做销售，作为一名刚踏入职场不久的新人，她没有多少经验，也没有多少人脉，所以工作开展起来不是特别顺利。有一次，她费尽千辛万苦终于成功说服了一位工厂老板，眼看着就要签合同了，杨艳丽内心欢呼雀跃。为了让同事们刮目相看，她决定等签下合同后再告诉他们。

签合同那天，杨艳丽顺便带去了公司最近刚出的新品样衣，没想到客户看上了新品，放弃了之前所看的服装款式，而且在数量上也有了一定追加。对于这个结果，杨艳丽很是满意，确定了款式和面料后，接下来就是新产品的报价了。

本来，杨艳丽对新产品的价格也不太熟悉，可她又不想在询问同事价格的过程中让客户久等失去耐心，便在老款的价格上随意追加了一点金额后就报给了客户，客户听了后很满意，当场就签下了合同。

签完合同后，杨艳丽欢欣鼓舞地回到了公司，可当她把合同交给领导时，才从领导那里得知：这款新产品的面料成本比较高，比她所报的实际价格贵了2倍不止。

这下，杨艳丽傻眼了，好不容易签下来一个单子，结果却给自己闯下了大祸。因为白纸黑字已经签下了合同，条款自然无法更改，而这都是杨艳丽擅自做主，不与领导、同事沟通协调所造成的后果，所以公司的这笔损失只能由她个人来承担。

这下杨艳丽可真是哑巴吃黄连——有苦说不出。历经此事后，她总结了一条职场策略：拿不准的事，一定要先问再做。

其实，杨艳丽的错误本是可以避免的，她错就错在太急于表现自己，迫切想要签下订单，因而沟通协调不到位，后续也就引来了大麻烦。

工作中，类似的错误可能很多人都犯过，虽然拿不准，但因为迫切想要表现自己的能力，不想失了面子，便不打电话询问；不想因为这些事，去麻烦同事和领导；不想让客户久等，以免耽误时间，让煮熟的鸭子飞走了。

实际上，这些都是借口。试问，打个电话问问又怎么了？谁也不是天生就会的，不好意思去麻烦别人，可最终却给领导、同事制造了大麻烦。与其事后懊恼，不如事先问一问，这才是对自己、对公司、对客户最负责任的工作态度。

◆不懂的事，虚心向前辈请教

所谓经验都是一步一步积累而来的，但一个人的经验毕竟有限，在工作中难免会遇到一些疑难杂症。正如古话说“姜还是老的辣”，职场中不乏许多像老姜一样的人物，知识、经验、阅历都远胜于我们。

当我们遇到一些不懂的问题时，就要虚心向身边的前辈多多请教。这样，不仅有助于事情的快速解决，也能让自己在执行的过程中汲取更多的经验。

◆重复做的事，固化优化争取下次做得更好

身在职场，会经常做一些较为重复性的工作，在执行的过程中，因为不懂或没有经验，一两次做错了还情有可原，但如果反复

策　略

多次依然错误不断时，不妨在心中反问下自己：

上次的那件事情，哪些方面做得不足，需要改进和避免？

上次的那件事情，哪些细节上做得不错，可以继续沿用？

上次的那件事情，虽然有所改进，速度与质量能否再提升一个档次呢？

只要以这三条为依据，对自己之前做的每一件事情都“取其精华，去其糟粕”，加以提炼、优化、固化，然后在执行的过程中，再参考上面三点执行策略，自然就能将事情完成得又快又好。

让期限督促你去尽快完成一件事

大部分人都知道，一个人若缺乏足够的意志力，想要将某件事坚持到底恐怕很难。除了意志力，完成某件事情时的期限也很重要。没有设定期限，人们内心就会不自觉地将时间无限期延长，最终演变成拖延症。

一个人若患上了拖延症，就会行动不迅速、态度不积极、思想觉悟低，无论什么事情都喜欢拖延。即便最终能够将事情完成，也要身边的人不停催促才能完成，这其中的过程可想而知。

有拖延症的人，对自己的人生目标大多没有一个准确而清晰的规划，一件事，明明三个月就能完成，但拖延症的人可能需要一年才能完成。

之所以这样，就在于他们在时间上对自己没有一个明确的期限限制，所以他们经常说“这个星期我得完成一些事”“接下来的时间里我要去旅游”这种含糊不清模棱两可的话，因为这些事情在实施起来时根本没有一个明确的时间限制。即便是定下了目标，也不可能切实去执行，反而会因为缺乏期限而让拖延变得肆无忌惮。

英国诗人柯勒律治拥有不错的文笔，本可以成为像其好友威廉·华兹华斯那样的“桂冠诗人”，可由于他的拖延，使得他错失了很多成功的机会与荣誉。

柯勒律治早年在创作方面就特别喜欢拖延，就连其最著名的作品《忽必烈汗》《克里斯德蓓》等都曾拖延达二十年之久，最终只能以残篇形式发表。哪怕另一作品《老水手行》发行时是完稿，但从他动笔到最终发行，也是足足拖延了五年之久。

拖延不仅使得柯勒律治创作的效率得不到提高，也给他在业界的口碑带来了一定的影响。就连作家莫莉·雷菲布勒在《鸦片的束缚》一书中也曾说："柯勒律治的拖延使得他的人生经历了许多痛苦不堪的……"

因为拖延，柯勒律治的经济状况自然也有些堪忧，很多创作方面的计划他总是一再搁置。同时，身体上的疼痛再加上过量吸食鸦片所带来的负作用，使得他的拖延症越来越严重。很多时候，他都是临近交稿日期才开始创作，这种情况下随之而来的压力也磨灭了他对工作的兴趣与乐趣。他曾说："一想到我必须加快步伐，而写作时最惬意的时光就会戛然而止。"

在拖延症的影响下，柯勒律治的晚年生活过得穷困潦倒，就连他的婚姻也因此而破裂。

本该是一位前途不可限量的诗人，最终却败倒在了拖延症的面前。因为拖延，他缺乏及时执行的力度；因为拖延，他失去了名誉地位、财富家庭，也失去了赖以生存的健康。

微软创始人比尔·盖茨曾说："切实执行你的梦想，以便发挥它的价值，不管梦想有多好，除非真正身体力行，否则永远没有收获。"即使是一位名人，若因拖延而不坚持执行，最终也会亲手毁灭自己的前途。

如果我们不想像柯勒律治那样，在做一件事情时就要给自己设置完成期限，这样才可以督促自己去尽快完成一件事，这样才不会将手中的事情越积越多。

因为拖延，有些人总会把事情推到明天，明天到了又接着推到下一个明天，可人生又有多少个明天呢？就像《明日歌》里所说：

明日复明日，明日何其多，

我生待明日，万事成蹉跎，

世人若被明日累，春去秋来老将至。

总是将事情推到明日，最终只会一无所获。既然如此，我们为何不早日设置一个期限，让期限督促你去尽快完成一件事呢？这样，今日事今日毕，工作没有积压，心情便能愉悦，心情一好不就可以吃嘛嘛香了吗！

当然，设置完期限后，我们也要认真遵守并严格执行下去。坚持一段时间后我们就能发现，拖延症不知何时已经悄悄地离我们而去了，我们的工作效率与能力也在无形中一步步得到提升。

那么，我们应该怎样设置完成的期限，以便更好地执行呢？不妨来看看下面三点策略，或许能从中得到启发。

◆计划好完成任务的时间

在决定做某件事情时，不妨提前做一个规划，计划好完成这件事情所需要的大概时间。这样，按着时间去计算自己每天需要完成的工作量，不仅有助于提升人的自律性，也可以避免拖延现象。

当然，在时间的安排上，也需要考虑一些不确定因素，以免因为一些突如其来的事情而打乱工作计划，并以此为借口拖延。

在规定的时间内，如果事情没有完成，千万不要自我懈怠，否则就会造成前松后紧的现象，最终影响质量。

◆设定专注时间，让工作更高效

为了杜绝拖延带来的恶习，我们在执行的过程中，除了计划完成的时间外，还可以单独设立一个专注时间，这样心中有了紧迫感，在做某件事情时注意力也会更集中一些，工作也会变得更有成效。

例如，以15分钟为一个专注的时间段，在此期间，只专注于眼前的这件事，不受外界任何干扰。到时间后，不妨停下来休息5分钟，放松一下紧张的神情，然后以此类推，逐步延长专注的时间。

当某一时间段实在是有些坚持不下去时，我们可以算一下起始时间，并暗示自己：坚持就是胜利，再坚持几分钟就可以休息了。以此来提高自己的执行力，拒绝拖延。

◆尝试“创造性拖延”

“创造性拖延”意在告诉我们，在设置的时间期限内，对那些重要的事情可以优先于不重要的事情处理，紧急的可以优先于不紧急的事情处理。

总之，就是把不太重要、不太紧急的事情延后处理，这样做的好处就是，避免耗费精力在一些不太重要、不太紧急的事情上，而耽误了重要的、紧急的事情完成的时间。

值得注意的是，优先处理的事情一定要与我们的工作密切相关，不能是一些与工作八竿子打不着的事情。

千万次的心动，
不如一次有效的行动

心动不如行动，这句话很多人都听过，可真正将心动落实到行动上来的人少之又少。一旦心动却不付出积极的行动，那和纸上谈兵又有何区别?

一个只会纸上谈兵空谈理想的人，即使再怎么侃侃而谈，若不想办法将行动变现，一切都将是镜中花、水中月，看得见摸不着。想要看得见又要摸得着，我们就要付出积极的行动，这样心动才可能变成现实。

1989年，年近40岁的香港女作家梁凤仪推出了自己的第一部小说《尽在不言中》，该书一炮而红，使得她在文学界崭露头角，从而被人们所熟知。之后几年，她又陆续发行了长篇小说《醉红尘》《花魁劫》《豪门惊梦》《花帜》等一系列深受人们喜爱的文学作品。

之后，她以一种遍地开花的商业方式将自己的作品推广到了海内外。由于她的作品发行量大，范围广，因此20世纪90年代中期港台地区产生了一股所谓的“梁凤仪现象”，并给当时负责出版发行的好几家出版商都带去了巨大的经济效益。

看到自己的作品这么受欢迎，梁凤仪心想：自己为什么就不能成立一个出版社，自己发行自己出版呢？心动不如行动，经过一系列的筹划和准备工作，她创办了香港“勤+缘”出版社，自己担任董事长兼总经理的职务。

在她的带领下，“勤＋缘”出版社成立还不到两年时间，便收获了高额的回报，且在几年后迅速赶超同行，一跃而上成为当时香港出版行业里营业利润排名前三的出版社之一。

万千心动，不如积极行动。如果当初的梁凤仪仅仅只是一时心动，而不付出行动的话，也就不会有后来“勤＋缘”出版社的诞生了，更加不会迎来自己事业上的成功。

一个人想要有所作为，只有将心动落实到行动上，再加以贯彻的执行，才能在日后的某一天，让自己的人生皆大欢喜。

我们知道，上帝造人只对性别做了区分——男人和女人，但其实还可以按类型来做一个大的区分——“空想家与实践家”。

空想家只会天马行空地想象，只会夸夸其谈，却缺乏勇气与能力将想象落实到行动上；而实践家只要产生了想法，便立即付出行动去执行，在实践中一步一步汲取经验，收获成功。虽然，积极地行动不能百分之百保证一定会让我们收获成功，但可以肯定的是，心动却不行动是绝对不会成功的。

现实生活中，不乏许多空想家，为了体现自己的存在感，时不时发表一些豪言壮语，结果雷声大、雨点小，到最后也就不了了之了。就像诗人艾青所说的那样，“梦里走了许多路，醒来还是在床上”，用这句话来形容这些空想家们怕是再合适不过了。

空想家们往往都是“言语上的巨人，行动上的矮子”，敢想却不敢干，做起事情来“前怕狼后怕虎”。即便某一天，思想上开窍后想要付出行动，为了谨慎行事他们也会看三步走一步，一路走走停停、质疑否定，在一而再再而三的拖延与思量中，最终半途而废，一事无成。

无论是“光说不练假把式”类型的人，还是“雷声大、雨点小”只能坚持三分钟热度的人，其性质实际都差不多，最终的结果都是将想法存在于想象中。这类人，无论做什么事都很难执行下去，想要成功谈何容易？

万千心动，不如积极行动。只有心动没有行动，一切都是天方夜谭，即使大好的机遇摆在面前，也会任之付诸东流。

一位郁郁不得志的中年人，成日哀怨上帝对自己不公平，每隔几天便到家附近的教堂祈祷。第一次，他来到教堂，虔诚地跪拜在上帝的圣坛前，喃喃自语：“亲爱的上帝，请您念在我是您忠实信徒的份儿上，保佑我中五百万吧！”

两天后，中年人又来到教堂对上帝祈祷：“亲爱的上帝，只要您能让我中五百万，我一定每天来跪拜您。”

每隔几天，中年人就去教堂一次，每次都重复着同样的内容。这天，中年人又来到教堂向上帝祈祷，说：“亲爱的上帝，我都虔诚地祈祷了这么久，您为何都不满足我的要求呢？您就不能让我中一次吗？”

这一次，上帝没有表示沉默，而是声音洪亮地对这位中年人说：“你都祈祷这么久了，可是你有付出行动去购买彩票吗？没有付出行动，你做再多的祷告也没有用处。”

看完这个故事，是不是觉得有些好笑，这位中年人不停地向上帝祈祷，可他祈祷却没有付出任何行动。自己都不付出行动，上帝又如何提供帮助呢？就像上帝所说，“不付出行动，做再多的祈祷也是无益”。

千万次的心动，不如一次有效的行动。我们要如何做才能将心动付诸到行动上呢？以下几点执行策略可以给予大家一些帮助。

◆摒弃“差不多”思想

心动不如行动，很多人都听说过这句话，可真正落实到行动上的却少之又少。究其原因，就在于有些人害怕行动的实现会让自己承受一些挫折与困难，因而觉得凡事“差不多”就行了。

但实际上眼前的“差不多”到最后就会差很多，以至于让我们在日后的某一天追悔莫及。因此，我们需要摒弃“差不多”思想，这样才有利于行动变现。

◆做事情要全力以赴

想要把心动变成行动，我们就要抱着一颗全力以赴的决心，力争将心动的事情做到极致。哪怕最终的结果没有那么尽如人意，但至少我们付出了行动，在此过程中积累了许多经验和阅历，也不算辜负了自己。

◆心动就立即行动

有了心动就立即行动，不要为自己的懒惰找借口，也不要有太多顾忌。要知道，一件事不想办法落实到行动上，若只停留在空想的阶段，那人生是很难有所成就的。只有大胆尝试，将心动变为行动，才能缩短自己与目标之间的距离感，才能在变现的过程中收获意外之喜，获得成功的可能。

◆要勇于坚持

能够坚持到最后的一定是胜利者。心动容易，但行动起来却并不容易，一旦付诸了行动，便不要轻易放弃，一定要勇于坚持，即使遇到了困难挫折也不要退缩不前。如果能够一路坚持到最后，就能具备最好的执行力，如此，成功也能更近一步。

有了心动就要努力去付出积极的行动，不付诸行动，再好的想法也只能是白日做梦，绝不可能收获“天上掉馅饼”的好事。每个人都应该清醒地认识到这一点，若不想虚度光阴，让人生得过且过，便要在有限的生命里，抓紧时间去奋斗，并把想法一一付诸到行动上。在行动的过程中，积累经验，提升自己的能力，最终收获人生的甘甜。

“不想当将军的士兵不是好士兵”，不想将梦想付诸到行动上的“空想家”将永远是一个“空想家”。纵观身边那些成功人士，哪个不是将心动积极付诸到行动上的，哪个不是具备了实干家的精神？

我们常说做一件事情时要“三思而后行”，以免行差踏错，这句话固然没错，可“后行”并不是代表“不行”，只是让我们考虑周全一些。当我们考虑好了以后就要积极行动，越早行动对我们越有利，更不要拖延，拖延越久就越容易失去积极性。

总之，心动一定要付诸到行动上。唯有如此，我们才能更好地向目标前进，一步一步走上成功的康庄大道。

想做执行上的超人，就要事事做到位

一个人认清自己的能力很重要，摆正自己的位置同样重要，位置摆正了，职责才能明朗，做事才能专心敬业。例如，医生的职责是救死扶伤，教师的职责是教书育人，客服的职责是解决问题，军人的职责是保家卫国……

位置不同，其职责大小也有所不同，但不可否认的是它们都有一个共同点——事事做到位。无论从事的是什么行业，处在什么样的位置，只要认真不敷衍、事事做到位，就一定能把事情做到极致。

齐格勒说："如果你能够尽到自己的本分，尽力完成自己应该做的事情，那么总有一天，你能够随心所欲地从事自己想要做的事情。"的确，一个人如果做事敷衍，做什么事情都做不到位，想要成功恐怕不是一件容易的事。

从某种程度上来说，有些人之所以没有将事情做到位，除了敷衍的态度外，其实还有执行上的差距。执行不到位，事情自然做不到位，其最终的结果就是前功尽弃。想做执行上的超人，就要事事做到位，只有这样，才能突破自我，获得成功。

被誉为“台湾经营之神”的王永庆，小时候的生活异常艰辛。王永庆9岁开始帮母亲分担生活的重担，15岁做学徒，16岁用借来的200元钱开始了人生中的第一次创业——开米店当老板。

他信心满满地开了店，却没有多少生意。为了拉拢顾客提升客流量，王永庆决定从细节做起，将细节做到位，以此来留住顾客。由于当时的大米加工技术落后，米中掺杂着小石头、谷壳等杂物，王永庆便亲力亲为，将米中的杂物一一清理干净。不仅如此，他还亲自送货上门，且在送货上门的同时帮顾客把米倒进米缸里。

靠着这一贴心的服务，他渐渐做出了自己的口碑，将自己的米店生意越做越大。之后，他又办起了碾米厂，做起了经营木材的生意，投资塑胶业，最终成为闻名世界的“塑料大王”。

纵观王永庆的一生，他之所以能够取得如此惊人的成就，就在于他把所有事情都做到位了，就连小小的卖米生意他都能注意细节，并把所有细节执行到位。所以，他能取得骄人的成绩，自是理所当然。

这世上不乏许多起点很高的人，也不乏许多富有激情的人，为什么有的人走着走着就与当初的理想背道而驰了呢？很简单，因为他们执行不力，不注重细节，没有将事情做到位，自然也就无法得到成功的机会。

打个比方，水烧到99℃也可以发挥价值，但其价值毕竟有限，只有烧到100℃使其沸腾，才能产生大量的水蒸气，其价值作用才能发挥到最大。也就是说，一件事，若只做到了99%，没有将剩下的1%做到位，那最终的影响力就可能是百分之百。

众所周知，幼蝶在破茧成蝶之前，用尽全身力气在茧中挣扎，为了让幼蝶免受痛苦，孩子拿起剪刀剪破了茧。可惜的是，此举并没有帮助幼蝶，反而加速了它的死亡。孩子只知幼蝶破茧成蝶的辛苦，却不知那份辛苦是为了锻炼它结实有力的翅膀，为了成长得更好。

令人惋惜的是，很多人都没有意识到这一点，以至于类似的事情随处可见：工作中完成任务就行，管它到不到位；做作业时做完了就行，管它做得对不对：为顾客服务时，解决问题就行，管他满不满意……

抱着这样的想法去做事，又如何能将事情做到位呢？做不到位，又拿什么去托起明天呢？想做执行上的超人，就要事事做到位。那么，我们应该运用怎样的执行策略，将一件事情做好做到位，为自己赢得成功的机会呢？以下三点策略值得借鉴。

◆必须拒绝投机取巧

成功是每个人内心都会渴望的事，但渴望归渴望，真正落实到行动上时，有些人却不愿意付出太多的辛劳，有些人甚至会用一些漏洞和捷径来逃避那份辛劳。

从短期看，投机取巧可以让我们逃避一时的辛劳，可以省时省力；但从长远来看，投机取巧只会让我们执行不力，无法将一件事情认认真真做到位，更无法集中精力专心致志去实现人生的追求。

投机取巧的心态大部分人都会有，想成功我们就必须要拒绝这种心态，用一种勤奋踏实、尽心尽力的态度去做事，这样才能提升自己的价值感与存在感。

◆做事情要一丝不苟

曾有一位哲学家说过这样一句话：“如果有事情必须去做，便积极投入地去做吧！”任何事只有投入了足够的热情，才能更专注、更认真，才能一丝不苟地将事情做到极致，发挥出最佳效果。

值得注意的是，在积极投入地做一件事情时，我们也不能妄自尊大，应根据自身实际情况来加以衡量，并做出适时的调整，这样才能全身心地投入，一丝不苟地完成一件事。

◆努力打造精益求精的做事状态

众所周知，一年365天，一天24小时，一小时60分钟，一分钟60秒。虽然大多数人对时间的周期了解得一清二楚，但在做事的状态中却没有有效利用时间、珍惜时间。他们抱着“做一天和尚撞一天钟”的心态，没有人生目标，做事也不踏实，终日过着得过且过的优哉生活。

如此，人生想要充满成就感，想要获得众人敬仰的目光，只怕是这辈子都不可能实现了。要知道，一个人做事不认真、不踏实，就是缺乏责任心的表现。可以说责任心是奠定一个人能否取得成功的基石，缺乏责任心自然也就缺乏精益求精的好习惯，没有好习惯加以辅佐，想要成就伟业就得颇费一番周折。

一个人只有努力打造精益求精的做事状态，才能高标准严要求，认真执行，且事事做到位，做到百分之百满意。

一家房地产公司的项目工程师为了近距离考察项目，了解项目地的真实情况，他一个人徒步走了三公里去山上拍摄项目地周围的景观，拍得又详细又精准。同事不解，便问他缘由，他说：“只了解这个项目的相关数据并没有将事情做到位，只有将与项目相关的整体情况全部了解清楚，我的工作才算做到位。”

想做执行上的超人，就要事事做到位。一件事若只付出了99分的努力便停滞不前，那便是没有做到位，即执行不到位。

一个人的成功与否，与其做事时的执行力有着紧密相联的关系，执行到位便能事事做到位，事事做到位便能逐渐成长起来，踏入成功的路途。要想做到这一点，我们不妨运用以上三点策略，努力提升自己，做一个执行上的超人，这样事事做到位，成功的终点自然也能离我们更近一步。

第5章 管理策略：不会带人你就自己累到死，把庸才变干将

管理是一门学问。在职场中，作为一名管理者，会面对许多性格迥异、情况各异的下属，如果不掌握一些管理技巧，不懂得识人育人，就无法做到高效管理，让下属心服口服。从这个角度来说，运用策略去以德服人、以理服人，才是管理的正确之道。

合理授权，
将管理工作开展得如火如荼

身在职场，我们常常看到这样一种现象：

有的管理者无论大事小事都亲力亲为，生怕员工行差踏错，所以一天到晚忙得像个陀螺，把自己累得够呛；有的管理者除了在大事大非上做决断外，把其他的工作都交给员工去完成，所以他们的工作很轻松。

这其实就是职场管理中常见的一项管理策略——授权。

作为管理者，既要安排员工的日常工作，又要与各部门上下级之间沟通协调，如果眉毛胡子一把抓，把所有事情都揽在手里，自然会影响做事的效率与进度。因此，管理者如果想让自己的工作富有成效，就要学会授权。在授权的过程中，培养和挖掘更多的优秀人才去创造效益，让企业得到更好的发展。

授权说起来容易，但在真正实施起来时，一些管理者却很难做到真正放权。

下面这个案例就很好地说明了这一点。

一家专门做移动终端开发管理的公司最近准备开发一个新项

目，公司老板十分看重这次新产品的研发，特地委任许华为这个新项目的负责人。

许华新官上任，自信满满，制定了详细的项目执行方案。本来，在项目一边推进一边实施的过程中，许华只需要掌控一些大方向并及时向老板汇报，其他执行方面的工作交由团队成员去做就好了。

可事实上，在项目执行的过程中，许华大事小事全程参与，就连一些不太懂的地方，他也要指手画脚去评论一番，且美其名曰："虽然我充分信任你们，也相信你们的能力，但为了项目不出错，所有环节我还是得亲自检查一遍。"

一番检查下来，许华由管理者变成了亲力亲为的执行者，在他的干预下，项目进度也落下了不少。后来，老板了解了实际情况后，便将许华从项目负责人的位置上替换了下来，并对许华说："我赋予你管理者的权力，可你却不懂得放权……"

这便是管理者在授权过程中经常犯的一个错误，授权却不懂得放权，以至于"老鼠钻风箱——两头受气"。

在职场中，要想做一个成功的管理者，就要明白"一个人权力的应用在于让他们拥有权力"，而拥有权力的方式便是授权。授权说起来容易，却不是人人都会，就像案例中的许华那样，如果不能掌握授权的策略与分寸，就会给工作带来诸多不利的影响。

合理授权，将管理工作开展得如火如荼。授权，其实并没有我们想象中那么难，只要掌握了以下几点授权策略，管理者的工作就会变得轻松许多。

◆因人而异授权

作为管理者，在授权时不要一视同仁，要根据员工的能力大小与性格特征来合理授权。一般来说，能力强的人授权的范围可以大一些，方便对方积极开展工作；能力差的人，只能一点一点慢慢授权，否则能力与权力不匹配，在工作中就容易出现失误。

除此之外，管理者在授权时也要根据员工的性格特征来授权。活泼开朗者，若授权去做一些沟通协调方面的工作，会顺利许多；内向寡言者，若授权去做产品事物的分析工作，会更合适一些。因此，管理者在授权时要学会因人而异，这样做将有利于员工积极地展开工作。

◆当众授权

如果管理者在对员工授权时无旁人在场，就会造成员工在权力执行的过程中遭遇一定的阻碍与议论。这样的情况，无疑是不利于员工开展工作的。

因此，授权切忌偷偷摸摸，管理者一定要在正式场合当众授权，并向众人言明被授权者的权力大小与权力范围。

◆授权要有依据

在一些重大事件的授权上，授权也要有依据，以免日后产生一些不必要的麻烦与分争。一般来说，管理人在授权时可以以授权书、委托书、备忘录等一些方式来作为授权的依据。

而授权有依据的好处主要体现在以下三个方面：

第一，当被授权者在执行过程中遇到阻碍时，授权依据可以让人心服口服；

第二，明确被授权者的权力范围，以免被授权者找不准方向；

第三，避免被授权者因其他原因而遗忘此事，或者不重视此事。

◆授权后短时间内不宜过河拆桥

之所以强调管理者在授权后短时内不宜“过河拆桥”，主要是为了防止后续带来的一些不利影响：

首先，给人一种“此地无银三百两”的感觉，等于间接承认了自己决策上的失误；

其次，立即收回权力，不利于工作的后续开展；

再次，容易给员工营造一种“过河拆桥”的感觉，员工会觉得自己受到了领导的利用。

综上所述，管理者在对员工实施了授权行为后，不宜马上收回。若确实要收回被授权者手中的权力，也要循序渐进。

◆授权后切忌把责任推给被授权者

任何一项工作的开展，其背后都有“责任”二字，企业领导也一直强调“权责对等”，但在授权这件事上却可以例外。也就是说，管理者在授权后，即使中间出了差错，也不能要求被授权者来承担责任。

因为“权责对等”是基于权力而言的，没有权力自然也就无法对等。即使管理者赋予了被授权者一定的权力，但这种权力只是一种委托行为，当管理者委托他人做一件事时，即使被授权者做得不好，也不能埋怨对方并将责任推给被授权者，以免对方寒心。

◆授权要合理有度

虽说授权是为了激发团队的凝聚力，锻炼员工的工作能力，但管理者也不能乐得清闲便当甩手掌柜。如果这样，那企业设立管理岗位的意义何在呢?

因此，管理者在授权时也要合理有度，一张一弛，视具体工作具体分析，有些方面可以大方授权，有些方面则要再三斟酌，以免影响企业的整体运作。

作为企业的管理者，在授权时既要疑人不用用人不疑，又要对被授权者有所制约，否则就有可能让对方被偏爱的有恃无恐。管理者要明白，授权并不是一味的放权，而是合理地授权，只要管理者能运用以上六点策略去授权，便能成为一名成功的管理者，将自己的管理工作开展得顺风顺水。

担当矛盾调解员，巧妙协调暖人心

作为管理者，合理授权可以让自己不用事必躬亲。但员工之间若产生了矛盾冲突，管理者便不能假手于人了，一定要亲自出马去沟通和协调矛盾双方，以免事态扩大到难以收拾的地步。

对于员工的纠纷冲突，管理者千万不要以为这是小儿科，双方争论几句就可以烟消云散。殊不知，小矛盾若得不到合理有效地解决，也可以滋生出大麻烦。

下面这个案例，便是因为管理者没有做好双方之间的沟通协调工作，进而演变成了明争暗斗，并给公司的发展带来了一定阻碍。

瀚宇公司下属的供销部门负责人周丰因为一笔款项的迟迟不到账而焦虑不已，他认为是财务部门负责人刘然在故意刁难自己，便怒气冲冲地冲到财务部和他吵了一架。可刘然心里也很委屈："公司账面上都没有钱，我去哪里给你筹钱？凭什么我得受你的窝囊气？"

为此，两人针尖对麦芒，吵架的声音一浪高过一浪。后来，还是经理出面让老总往公司账上打了钱，才解决此事，制止了这场冲突。经理心想：事情圆满解决，到此也应该结束了吧！可事实并不是这样，周丰与刘然经此事后已经成了死对头，受到他们的影响，下面的员工也开始拉帮结派互相诋毁。

事情的结果演变成这样，恐怕这位经理也始料未及。因此，管理者千万不要小看了员工之间的冲突，一旦出现问题，管理者就要赶紧担任“消防员”的身份去灭火，以免矛盾激化。那么，管理者应该运用怎样的管理策略去解决员工之间的矛盾冲突呢？不妨参考以下五点策略。

◆晓以大义

现代职场中各部门之间大多分工明确，正因为分工明确，所以各部门之间缺少沟通与了解，人人都只做分内的事，只想维护自己的利益。一旦某些方面的利益得不到维护时，便很容易爆发冲突。

例如，供销部门因为款项迟迟不到账而迁怒于财务部门做事不给力；但财务部门有心无力，因为账面上没有钱。在互相指责与埋怨中，双方的矛盾便迅速加深。

此时，管理者便不能退居二线，应对产生矛盾的根源做一个详细的了解，在言明公司目前的困境与难处时，也要让员工之间多做沟通，最后围绕企业的经营方针和未来发展，来协商解决问题的最佳方法，晓以大义，力争让矛盾双方握手言和。

◆换位思考

在职场中，因为自身利益受到侵害而爆发冲突的事情并不少见，盛怒之下每个人都会失去理智，做出一些过激的行为来。

例如，销售员去找会计报账，会计索要相关发票和报账信息，销售员认为会计刁难自己，会计认为销售员不懂报账流程。盛怒之下，双方在言语上便会出言不逊，这样不仅影响同事之间的感情，也不利于工作的开展。

要想大事化小，小事化无，将双方的冲突加以制止，管理者在解决问题时，不妨运用换位思考的策略，让矛盾双方站在对方的立场上去考虑问题。换位思考有助于双方认识错误，检讨错误，进而平心静气地坐下来好好沟通。

◆中庸之道

俗话说“公说公有理，婆说婆有理”，但具体是哪方有理，恐怕一时半会儿也分不出个是非对错。在这种情况下，管理者不妨借鉴孔子的“中庸之道”来息事宁人，平息矛盾双方的怒气。

通常，企业在改革创新的路途上都会遭到一些阻碍，阻碍的人一般可以分为两大类，即“激进派”和“稳健派。因为观念不同，所以派系自然也不同。作为管理者，在各派阐述自己的观念时，既不能偏袒，也不能反驳。否则，拉一派打一派，就有可能激起另一派的不满，也容易造成企业人心不稳。

此时，管理者不妨采取折中处理的方式来解决问题。首先，将双方观念中的不足之处指出来，这样双方的观念都有问题，也不存在偏袒；其次，将双方观念拿出来一起讨论，促使双方都能看到对方观念中的长处与优势，并互相学习借鉴。

聪明的做法就是管理者表明自身立场，向对方言明无论是哪一派，都有其存在的价值和意义，是无法相提并论的。运用“中庸之道”，可以维系各部门之间的平衡，避免一枝独秀的局面。

◆营造轻松气氛

冲突一旦发生，平时关系再好的同事也会怒目相对，对对方怀有很深的敌意。因此，管理者在对发生冲突的双方进行安慰与劝慰时，也别忽略了气氛、场合、时机的重要性。了解这几点，管理者想要成功说服敌对的双方放下心结，谅解对方也会容易许多。

另外，作为解决矛盾的调解员，在气氛、场合、时机都具备了的情况下，管理者也不要忽略了自身情绪的表达。如果在劝慰双方时，板着一张脸或是运用领导的权威以命令式的口气说话，发生冲突的员工听了心里自然也是不乐意的，如此便会影响安抚人心的效果。

◆注意给双方留台阶

职场中，有些冲突原本就不值一提甚至是可以避免的，但冲突的双方为了所谓的面子，谁也不肯认输。哪怕错就在自己，但因为拉不下面子，所以谁也不肯主动退一步。

明白了这一点，管理者在协调矛盾时就要适时地给双方铺个台阶下，以免双方因为一些无谓的冲突而影响感情，影响工作效率。

例如，品管部抽查生产车间做好的成品时，发现一些产品有瑕疵，便指责车间质检对待工作不认真、不负责，给他们制造麻烦；而质检也不甘示弱，指责对方鸡蛋里挑骨头——故意找茬儿。

以质量求生存，以品质求发展，从长远目光来看，产品的质量与品质自然是企业发展的重中之重，很显然品管部的做法是对的。但管理者也不能当着众人的面言明车间质检偷懒耍滑、不负责任，最好的做法就是给车间质检留台阶，不妨这样说："一直以来对于质检环节都没有一个明文规定，所以才造成质检标准的差异化。不过，从企业的发展来看，品质方面的工作还是细致一些的好。这次，不妨就按品管部的要求去做，你看如何？"

给对方一个台阶下，既避免了尴尬，又给对方留足了面子，最后还征询了车间质检的意见。在这种情况下，对方自然不好意思拒绝。

策　略

担当矛盾调解员，巧妙协调暖人心。作为管理者，无论员工之间发生了怎样的冲突，一定不能听之任之，应尽早找准症结对症下药。对症下药的最好方法就是有效运用上面几点策略，策略用得好才能药到病除，将矛盾冲突化于无形，避免事态扩大到难以收拾的地步。

从《西游记》中看团队管理之道

在开展工作时，避免不了因为某些项目的开展而组成一些小团队，就像大家所熟知的《西游记》西天取经四人组。为什么四个性格特征迥然不同的人，却能历经磨难，跨越千山万水取得真经？除了他们是战斗力与执行力都超强的团队外，更重要的是他们有一个善于管理团队的领导——“唐僧”。

孙悟空能力出众，敢打敢拼，善于冲锋陷阵打头阵，所以他才是大师兄，并被唐僧委任为西天取经的重要人物。

猪八戒除了贪吃好色之外，抓妖怪、探路、化缘似乎每件事情都做不好，虽然能力有所欠缺，但它的情商却很高。因此，受到唐僧的赏识做了二师兄，且在团队中充当着说客的角色。

沙僧虽然资质一般，不及孙悟空有本事，也不及猪八戒能说会道，但他踏实肯干，因此挑运行李的活自然非他莫属了。

从《西游记》中看团队管理之道，在现代职场中，很多团队里都存在这样的角色。作为一个企业管理者，如何才能像唐僧那样将几个性格迥异之人培养成一个和谐的小团队，并在适合自己的岗位上发挥自己的最大价值呢？不妨参考以下几点管理策略。

策　略

◆恩威并施

孙悟空随便翻一个筋斗云便能到达十万八千里之外，对他来说，历经九九八十一难去西天取经并非难事。孙悟空之所以义无反顾地加入西天取经的队伍中来，除了报答唐僧五指山下的救命之恩外，别一个重要的原因便是紧箍咒。孙悟空虽然能力出众，但从小缺乏管教，使得其性格上有些桀骜不羁，所以便有了“紧箍咒”的诞生。

对待团队中出现的这种类型的员工，管理者便要讲究恩威并施的策略，尽量走情感路线，如果这条行不通，便可以使出杀手锏——紧箍咒。走情感路线是让团队成员懂得施恩图报，使用紧箍咒则是为了给他们制造压力。

不可否认，制造压力是为了让团队成员保持进取之心，可凡事过犹则不及，压力过多就会造成团队成员的逆反心理，出现像孙悟空那样负气出走的情况。

因此，管理者不妨采用恩威并施的管理策略，既可以防止能力强的人骄傲自满，又可以促进能力差的人不断进步。

◆激励措施

对于团队成员中出现的猪八戒类型的员工，本身能力平平，除了情商高能说会道外，再多的压力对他们来说也不一定能奏效。所以，管理者不妨采用激励措施来促进他们更好地完成任务。

激励措施最大的好处就是可以让一个人内心充满希望，拥有积极的心态，并在积极心态的驱使下，主动高效地去完成一些充满挑战性的工作。

值得注意的是，管理者在运用激励措施来激发这种类型的团队成员时，在激励的时间上也不能过于频繁，若过于频繁就会使人产生依赖。后期一旦失去激励措施，这类人便容易停滞不前，失去积极性。

所以，管理者可以采取固定的某一时间段，对团队成员采取激励措施，诱使他们高效率地完成工作。

◆知人善任

西天取经四人组之所以能够出色地完成取经任务，除了唐僧管人用人的策略拿捏得恰到好处外，最重要的一点就是他知人善任，懂得根据团队成员的特长与优势来做最合适的安排。因此，孙悟空、猪八戒、沙僧才能各司其职，在自己的岗位上发光发热。

在现代职场中，管理者不妨对自己的员工做一个透彻的了解，像唐僧那样根据团队成员的能力进行分工。例如，孙悟空类型的人，善于冲锋陷阵，适合做调研和执行方面的工作；猪八戒类型的人，情商高且能说会道，可以做销售和接待方面的工作；沙僧任劳任怨，踏实肯干，后勤方面的工作交给他，可以完全放心。

在这个充满激烈竞争的职场中，每个人都希望自己能受到领导的赏识，希望自己在工作中能有一番作为。如果有幸能遇到一个像唐僧这样的领导，其工作的热情与积极性自然也能提高不少。

现在早已不是单打独斗做独行侠的时代了，很多企业都十分注重团队合作的重要性。作为一名管理者，如果能在识人、用人、管人方面都独具慧眼，结合团队成员的实际情况做出最合适的安排，何愁不能带出一个做事高效率的优秀团队呢?

错误的爱才，不如正确的用才

在本节开始之前，先来看一个案例：

李超是一家企业的老总，也是一个“爱才如命”的人。对于人才李超向来都是大手笔，只要能为公司创造效益，加薪升职便是小菜一碟。当然，作为一名商人，李超每每为公司选拔优秀人才时，也会层层把控，认真挑选。通常，他会根据所要引进的人才在行业内的口碑与信誉度做一番细致深入的调查与研究，当确定了对方确实就是公司需要的人才时，李超才会选择录用。

照理说，引进人才的流程如此慎之又慎，想必这些人才一定为李超的公司创造了可观的收益吧？可事实并不是这样，而这也是李超最为头疼的地方。

当李超将那些行业内口碑不错、能力不错的优秀人才引进起到自己公司后，他惊讶地发现这些所谓的“人才”，就像霜打的茄子——焉了。这些人在工作中并没有什么引以为傲的建树，也没有什么标新立异的金点子，和普通员工没有差别。

拿着高薪却没有为公司带来任何有价值的收益，李超百思不得其解，他想不通为什么优秀的人才招致麾下后就会资质平庸，这到底是哪个环节出了问题呢？

如果是一个人出现这样的问题也就算了，可招致麾下的那些优秀人才个个都变成了“庸才”，又无答案可解，这就令人费解了。为此，心情不好的李超总是当着“人才”的面，大声呵斥他们是“酒囊饭袋”，说一些“你们就是一群中看不中用的废物”“我是瞎了眼才把你们招进来”这些恶毒伤人的话。

“优秀人才”受到李超如此羞辱，面子上自然挂不住，一来二去大家便商量着一起离了职。高薪引进的人才纷纷离职，按理说李超应该冷静下来好好想想自己的所作所为了吧？然而，并没有。

虽屡战屡败，但李超依然痴心不改，他认为“人才”到自己公司后之所以变成“庸才”，完全是运气不好，只要下次自己把眼睛擦亮一点，总能遇到真正“对”的人，为公司引进最优质的人才。

可惜的是“理想很丰满，现实很骨感”，无论李超在寻找“人才”的过程中如何坚持，由始至终，他都没有碰到理想中的优秀“人才”。

职场中，不乏许多“爱才如命”的管理者，嘴上说着爱才，但在实际用才的过程中却与自己的初衷背道而驰。就如案例中的李超，引进人才的目的是为了让公司得到更好的发展，可没曾想优秀人才到了公司却变成了庸才，这并不是他运气不好，很大一部分原因来自他的管理方式。

管理者的管理策略不对，再优秀的人才也会被管理成庸才。一般来说，出现这种情况主要是以下两方面的原因。

◆管理者自身的问题

引进的人才如果一两个用不好，尚且情有可原；但如果所有的人才在自己的管理策略下都变成了庸才，那管理者便要进行自我反省了。

有些管理者下达命令时想一出是一出，做什么都凭着感觉走，又喜欢朝令夕改，以致于让员工们“丈二和尚——摸不着头脑”；有些管理者甚至自己都稀里糊涂，不知道什么该做什么不该做，不会下达命令、安排工作。在这种情况下，员工又如何去开展工作执行命令呢?

还有一些管理者可能会不服气地说：“每天那么多事情要安排，如果事无巨细地将所有命令都传达到位，所有细节都想周全，那领导岂不是要累垮了？作为员工，就不能站在领导的角度去思考，开动脑筋去想问题吗？”

在管理者用这些冠冕堂皇的理由为自己的管理无能寻找借口时，有些员工也确实很自觉地去动脑筋想问题解决问题了，可这时管理者又要开始乱发脾气了：“自作主张，你眼里还有我这个领导吗？”

如果员工主动把事情完成得又快又好，管理者便会认为自己管理有方；但如果事情办砸了，那可就是吃不了兜着走了，管理者会毫不留情地一顿训斥。

做也不是，不做也不是，这可真让人为难。在这种情况下，管理者最正确的做法就是：当鼓励员工在工作中发挥主动性时，当员工做得不尽如人意时，管理者要学会体谅与宽容。这样员工在发挥主动性时，也能大胆去尝试一些有挑战性的工作。

当然，也有一些管理者担心员工“功高盖主”，进而打压员工不给其创造机会，如果这样想那就错了。员工事情做得漂亮，岂不是显示自己管理有方？手底下的能人越多，业绩越好，在这个激烈的市场环境下就越容易生存，管理者的地位才会更稳固。

事情就这么简单，并没有管理者想象得那么复杂。管理者只要能意识到这一点，经常做自我反省，认识自己的错误管理方式并加以改进，又何需担心人尽不能其才呢?

◆平台的问题

除了管理者自身的问题外，还有一个便是平台的问题，而这也是为什么优秀的人才变换了工作环境后，就落魄成庸才的原因，这其实也是职场中存在的“平台瓶颈”现象。

通常，一个人在自己喜欢的环境下，遇到一位投缘的上司、有默契的伙伴，那此人在工作中便会“如鱼得水”，尽最大努力发挥潜能，创造价值。

倘若这种舒适的工作环境突然间发生了改变，如新来的上司刁蛮无理，同事骄傲自负，那之前的“如鱼得水”就有可能被手足无措、方寸大乱所代替。心不静，又如何能激发潜能发挥才干去创造佳绩呢?

这样看来，“人才”之所以换了环境后就变成“庸才”，来源于他们对工作环境所产生的一种依赖性，没有了依赖，“人才”也就发挥不出自己的实干精神和潜能了。

从这里，我们可以看出“人才”的普遍性与特殊性，这也就是告诉我们，管理者要努力提升自己的素质与管理技能，给员工创造一个良好的企业文化、工作氛围。只要管理者爱才有道，人才便可人尽其才，将自身的优势发挥到极致，为企业创造更多的收益。这也是一个成功的管理者重要的使命之一。

作为管理者，遇到问题便要积极解决问题，而不是将所有问题都推给员工，指责员工做事“不给力”，这完全是“掩耳盗铃”的做法。

就拿众所周知的“海底捞”来说，很多人都知道“海底捞”的企业文化是做得非常好的，员工综合素质在行业内也是领先的。为了模仿海底捞的经营模式与理念，有不少同行便打起了海底捞的主意，以成功挖走海底捞员工为“举店庆祝”的大喜事。

可事实往往出乎意料，那些在海底捞称为“优秀员工”的人才，一旦离开了海底捞去到另外一家火锅店，身上的万千光芒便消失不见，成了一个黯然失色毫无建树的普通人。

有些管理者不解，不知原因出在哪里。其实，很简单，就是平台的问题，平台不对，再好的技能也难以施展。说得直白一些，在海底捞这个平台上，人才便可人尽其才；离开了海底捞，再好的人才也可能变成庸才。

为什么行业内的人士都认为海底捞很牛，能让一个人的潜能发挥到极致？很简单，它的平台很牛，以至于在海底捞这个平台，很多人都能变成人才。

错误地爱才，不如正确地用才。若想要人尽其才，为公司创造更高、更多的收益，管理者就应该摒弃盲目追逐人才的心理，静下心来沉淀自己，反省自己的管理方式，以一种正确的、切实可行的管理策略去管理员工，努力给员工创造一个拥有良好的企业文化、可以施展技能的伟大平台。

唯有这样，才能吸引人才、用好人才、管理好人才，将人才的潜能与优势发挥到极致。

不能以身作则，凭什么要求他人？

在任何一家企业中，管理者的一言一行都起着表率作用。正如思想家孔子曾说："其身正，不令而行；其身不正，虽令不从。"管理者在使用手中的权力管理员工时，也别忘了以身作则，以德服人，这样才能建立威信去以理服人。

在家庭教育中，我们常说父母是原件，孩子是复印件，孩子的一言一行都有着父母的影子。而在职场管理中，管理者便是团队成员前进道路上的方向标，其一言一行都将带动和影响员工的工作积极性。

管理者若想将手底下的员工变成精兵强将，打造出一个高效率的优秀团队，便要从自身做起，从言行、举止、形象等方面做起，这样才能"三位一体"，为员工树立一个良好的榜样。只有这样，管理方式才能被员工所接受，下达的命令员工才会认真无异议地去执行，自己才能受到员工的尊敬与爱戴。

联想总裁柳传志之所以能将自己的企业做大做强，除了能力与实力外，也与他多年来以身作则的榜样力量有着密切的关系。多年来，联想内部员工开会迟到似乎成了一种心照不宣的事情，只要开会，大家多多少少都会迟到几分钟。

为了改变这种陋习，整顿公司的不良风气，柳传志便在会议上明文规定：凡开会迟到者，无论职务大小，一律罚站五分钟。后来开会时，还是有人三三两两地迟到，被罚站后还怨声载道，说领导不会和他们一起受罚。直到有一天，柳传志迟到后自觉地在会场上罚站了五分钟，员工们才开始切实执行起这条规定来。

每个管理者都应该像柳传志这样以身作则，用榜样的力量去感染下边的员工，去激励他们用心做出改变。《孙子兵法》里有句话说“不战而屈人之兵”，其实就和我们现在所说的以身作则差不多。管理者在管理他人之前，只要以身作则，用自己的实际行动去给员工树立榜样，员工便会心服口服。

试想一下，一位管理者若总是纸上谈兵，说话不算话；对待工作消极敷衍，上班时间上网打游戏；在公众场合不注意形象，爆粗口辱骂他人；自己迟到早退却要求员工准时到岗，不然扣工资；前一刻刚刚下达的命令，后一刻便要做出改变。

在这种情况下，又如何要求员工贯彻执行，并对管理者产生充分的信任感呢？显然是不能的。管理者若想让员工对自己心服口服，那么在管理员工之前，就要先做好自己，用以身作则的态度去鼓舞员工的士气，带动他们的行为。如此，员工才不会怨声载道，管理者的工作也能更顺畅地开展下去。

不能以身作则，凭什么要求他人？管理者若想自己的管理工作能够积极有效地开展下去，不妨参考以下两点管理策略。

◆以身作则树立榜样

管理者在企业中重要的使命之一便是管理好团队，想要管理工作进展顺利，管理者便要以理服人。若不能以理服人，再好的规章制度也难以施行，再好的项目也难以推进。

因此，管理者不妨从自己的一言一行做起，以身作则树立榜样，这样才能带动员工的积极性，提升员工的行动力。

◆领导人要身先士卒

《孙子兵法》上说："夫将者，国之辅也。辅周则国必强，辅隙则国必弱。"一个国家的兴亡离不开将才的辅佐，同样，一家公司想要做大做强也离不开优秀的管理策略与优秀的管理者。

虽说千人千面，不同的管理者实施的管理策略也有所差异，但不可否认的是，管理者身先士卒做好表率，对自己工作的开展、工作氛围的提高、员工积极性的加强，将起着很重要的作用。

正所谓"强将手下无弱兵"，管理者若身先士卒，那么员工对待工作的积极性自然也高，这样手下的员工在其带领下，自然也不会差到哪去。任何一家公司，只有管理者以身作则，率先垂范，员工才会将更多的热情投身到工作当中去。

管理者想要身先士卒，不妨从以下四个方面做起：

1.培养勤学多思的好习惯

在职场中，管理者往往依靠自己的管理工作来体现岗位价值，但管理工作要想做到游刃有余，并给员工做好身先士卒的典范，管理者就要培养自己勤学多思的好习惯，做一个见贤思齐的人。

只有不断学习，才能不断成长，才能用这种氛围去感染员工，让员工在工作中勤学多思，提升自己的专业知识与工作技能。

2.保持朝气蓬勃的精神状态

无论什么情况下，朝气蓬勃的精神状态都能给人以鼓舞。管理者若能以这种精神状态去鼓舞员工的士气，员工才能饱含热情去认真努力地做好一件事。职场中更是如此，管理者若能在员工面前保持这样一种精神状态，并以这种精神状态去鼓舞员工的士气，员工受此感染，其工作态度、效率、责任感自然也能相应地得到提高。

3.强化规章制度的重要性

俗话说“不以规矩不成方圆”，一家公司若没有一个健全的制度，无疑于一盘散沙，但有了制度却不认真执行，同样也是废纸一张。

只有制度执行到位，一切方能有条不紊地进行。管理者除了给员工强化规章制度的重要性外，也要从自身做起，自觉遵守公司的相关制度，这样才能上行下效，顺利地展开自己的管理工作。

4.夸夸其谈不如言出必行

管理者若只喜欢指手画脚地说，缺乏实干的精神与态度，恐怕员工也不会轻易买账。所以，夸夸其谈不如言出必行，将说过的话都落实到行动上，员工才能感受到诚意，才能更好地支持管理者的工作。

对症下药，将“刺儿头”收为己用

在一个公司或者一个团队中，相信很多管理者都遇到过一些“刺儿头”。这些“刺儿头”仗着一些特殊的背景关系、才能等原因，狂妄自大，不把任何人放在眼里。对于管理者来说，遇到这样的“刺儿头”无疑是最为头疼的，因为管理他们可比管理一群人的难度要大得多。

这些“刺儿头”在工作中，不服从管理者的安排与命令，还经常会与管理者对着干。在这种情况下，管理者如果想要“杀鸡给猴看”以儆效尤，就有可能把手底下的员工变成一群只懂服从却不懂谏言的平庸人士。

这显然是不利于员工和公司成长的，因此，我们不妨学习伟大领袖毛主席的“团结一切可以团结的力量”这样的理论，想方设法把公司的这些“刺儿头”收为己用，并利用他们手里的资源为公司的发展注入先机。

无独有偶，下面案例中的林浩就是这样做的。

林浩是某跨国公司驻中国区的副总裁。一天，他的朋友陈华过来找他谈事，恰巧遇到林浩的下属，负责公司策划运营的总经理刘力来找他汇报工作。当刘力工作汇报完离开后，陈华对林浩说："作为朋友，我不得不好心提醒你一句，以后在工作方面千万不要再重用此人，因为他实在是不知天高地厚。不仅桀骜不驯，还一肚子野心，在外散播谣言说要取代你的位置。"

林浩听完朋友的话，非常淡定地说："是吗？那你还听谁说过类似的话呢？"陈华想了想，说："目前还没有这么不自量力的人，怎么了，有什么问题吗？"林浩一本正经地说："其实我想把这样野心勃勃的人都招到我的公司。"

事实证明，陈华对林浩说的那番话一点也不假，刘力确实是一个非常有野心的人。他一直都在积极准备来年的公司高层竞选，力争得到总公司高层的青睐，取代林浩的位置。

不久后，林浩的另一位朋友对刘力的举动实在是看不下去了，再次提醒他刘力在私底下的谋划都是为了取代他的位置。

但林浩却一点都不紧张，他甚至一脸笑意地给这位朋友讲起了故事："你见过农村里的马蝇吗？这个东西农村有很多，小时候，我和哥哥时常跟随干农活的父母去田间地头玩儿。每次用家里那匹马驮田里的粮食时，为了偷懒它总是磨磨蹭蹭，但很奇怪的是偶尔它又特别卖力，驮起几百斤的粮食时跑得飞快。百思不得其解的我，将这匹马从头到脚仔细观察了一番，也没发现什么原因，只看到它身上有好几只马蝇。就在我正准备将马蝇拍掉时，我哥哥阻止了我，他说：'千万不要打掉它，否则马就不会卖力干活了。'至此，我才明白马在某些时候干活卖力，其实是因为忍受不了马蝇的叮咬。现在，刘力恰好就被一只叫'权力欲'的'马蝇'给叮上了，虽然我看到了这只'马蝇'，但我却不想拍掉它，因为它可以促使刘力不停地向前奔跑……"

也正是因为林浩宽广的胸襟和卓越的管理才能，使得公司的发展步入了一个良性阶段，上下级之间的工作也开展得有条不紊。

日常工作中，管理者若遇到了“刺儿头”类型的人，不妨像案例中的林浩那样，把“刺儿头”当作替自己上阵杀敌的箭头。当然，在此之前我们也要对“刺儿头”的类型做一个大致的划分，这样才能对症下药，将“刺儿头”收为己用。

具体如何做，让我们一起来看。

◆特殊背景，自恃甚高

一般来说，有背景的人内心会有一种优越感，觉得自己高人一等，因而在工作中颐指气使，不服从命令与安排。从表面上来看，桀骜不驯的他们会给管理者的工作增加一定难度；但往深入看，这类“刺儿头”背后所隐藏的关系也不可估量，或许管理者费尽九牛二虎都不能完成的事情，到了“刺儿头”那儿就是一句话的事。

正因为“刺儿头”有着特殊的背景关系，所以才自恃甚高。因此，对于有背景的这类人，管理者既不能和他们起正面冲突，也不能让他们仗着“免死金牌”而胡作非为，应掌握一个合理的度，既不得罪也不放纵。

◆能力出众，不可替代

能力出众的这类人，因为各方面能力突出且受到领导的重用，所以内心也会存在一种优越感。在这种优越感的滋生下，这类人就会变得高傲自负，不可一世，发展到后来小事不屑一顾，大事要人哄着做的局面，以此来满足自己日益膨胀的心理。

虽然这类“刺儿头”能力出众，且拥有不可替代性，但管理者若不采取措施加以遏制，这类人就会逐渐成为公司不良风气的传播者、影响团队和谐的破坏者。

对于这类人，管理者要想把他们收拾得“服服帖帖”，就要做到赏罚分明：该批评时严厉批评，该表扬时大方表扬。只有这样，才能让他们清醒地认识到自己的身份与位置，唤起他们对工作的进一步热情，避免嚣张气焰的进一步滋生。

◆性格另类，个性鲜明

除了上面所说的两种“刺儿头”外，还有一种便是既没有能力又没有背景的一类人，性格另类，个性鲜明，使得他们在某些时候会由于性格方面的原因，变成管理者眼中的“刺儿头”。

对于这类人，管理者不妨利用其性格上的优势去安排工作。例如，活泼开朗能说会道之人可以安排一些策划、主持类的活动，这样不仅可以让他们的个人能力得到施展，还有助于公司活动的开展。

值得注意的是，性格另类的人往往不喜欢受到束缚，所以管理者若用一些规章制度来约束他们，只会引起他们的反感，这样一来，自然不利于管理工作的开展。因此，这也需要管理者因人而异，因事而异，运用有效地管理策略去训服这些“刺儿头”，唯有这样，他们才能口服心服，真正为管理者效力。

杜绝“姑息养奸”，才能防患未然

对每个公司来说，人才是其发展的基础，公司想要得到更高更远的发展，就离不开人才的注入。现如今很多公司也都提倡以人为本，将人性化管理放在首位，采用奖罚分明的措施来激励员工，期盼员工能主动承担起工作的职责。

而这就需要管理者采用正确的管理策略去引导他们，帮助他们更好地成长起来。

一般来说，在管理者的正确引导下，大多数员工的工作态度都是端正的，但偶尔也会有个别“作奸犯科”之人的存在。对于这类员工，管理者若“睁一只眼，闭一只眼”放任自流，最终的结果就是贻害无穷。这其实就和“慈母多败儿”是一个道理，对“作奸犯科”的员工太过于放纵，不仅对自己、对公司的成长没有半点好处，甚至还有可能造成“城门失火，殃及池鱼”的悲剧。

为了让团队和公司朝着一种良性的轨道发展，管理者对于手底下“屡教不改”的员工，千万不能“心慈手软，姑息养奸”，应加强管理并采取相应的策略来防祸患于未然，从源头上杜绝此类现象的发生。

王伟在担任销售部总经理期间，私欲膨胀，不仅明目张胆地徇私舞弊，还利用手中的权力将一些亲戚朋友也安排到公司挂职，重用亲信，打击贤臣，将整个销售部搞得乌烟瘴气。

可王伟是一个文过饰非、阿谀奉承之人，抢占功劳，推卸责任，虽然部门员工怨声载道，公司内部亏空也很大，但因其资历年长，所以仍然在总经理的位置上稳若泰山。

不久后公司新换了一位董事长，这位董事长新官上任三把火，把公司上上下下所有部门都整顿了一遍，却唯独对王伟手下留情。在他看来，王伟任职多年又是公司元老，虽然有过错，但若真换下来面子上也挂不住。所以，他仍然让王伟担任着总经理的职位。

可是，公司想要得到一个良好的可持续发展，对于“作奸犯科”之类的员工就势必要及时做出决断。况且，王伟的一己私欲已经严重影响了公司的整体运营和发展，长此以往，其私欲将会欲壑难填。

念及王伟是公司元老，董事长只在私底下与其深入地交谈了一番。王伟表面应允，但私底下对于董事长提出的收敛与改进意见却左耳进右耳出，仍然我行我素。

对于董事长对销售部总经理“姑息养奸，放任自流”的方式，公司的资深顾问站在公司的未来发展考虑，经过一番深入调查后，给出了明确建议：尽快撤换总经理，以免动摇到公司的根基。对于资深顾问提出的其他方面的工作建议，董事长都一一点头应允，可就在“撤换总经理”一事上，董事长变得优柔寡断起来。

他对资深顾问说：“这位总经理坐到如今这个位置也不容易，再熬个两年就能光荣退休了，如果现在把他撤换掉，这对他来说是一个不小的打击，我实在有些于心不忍，要不还是再等等吧！或许后面他能认识到自己的错误呢！”

作为一个管理者，这位董事长舍身处地地为员工着想，可上任半年后公司的发展却没有得到任何起色，还停留在老样子。于是，董事长由于不作为被总公司调回了，同时他也失去了高层管理者们对自己的信任。

本来，这位董事长受此连累是因为纵容私欲膨胀的总经理胡作非为，可那位总经理不但没有收敛自己“作奸犯科”的行为，反而还在背后造谣生事污蔑董事长。不过，恶行昭著的他最终没能平稳过渡到退休时间，不久后就被新上司撤职了。

从这个案例中我们可以看出“当断不断，必受其乱”的重要性。管理者对于“作奸犯科”之人若心存善念，最终就会导致“养虎为患”的结局。不可否认，每个管理者都希望自己的员工是精兵强将，在工作中能够达到以一抵十的功效，能给公司创造收益。可面对这样“作奸犯科”之人，管理者若不采取正确的管理策略加以应对，就会让星星之火呈燎原之势。

杜绝姑息养奸，才能防患于未然。那么，管理者应该采取怎样的管理策略才能将祸患防于未然，将员工“作奸犯科”的举动扼杀在萌芽状态呢？管理者可以这样做：

◆及时批评，防微杜渐

批评是促进一个人成长的最佳方式，尤其是在对方犯了错误后，批评可以使其更清醒地认识到错误，避免下次再犯。作为管理者，如果顾忌对方面子，对他人的错误听之任之，就会造成自己管理失职、员工错误不断的危险局面。

因此，员工犯了错，管理者应做到及时批评，才能防微杜渐。当然，这也要求管理者在日常的工作中要深入一线，与员工做一些近距离的接触，这样才能做到早发现、早批评、早杜绝，避免错误蔓延到不可收拾的地步。

◆讲究策略，对事不对人

管理者应该明白，批评的背后也代表着否定，否定包括能力、表现、业绩等方面。如果管理者在批评时不讲究策略，就会引发一些副作用，打压员工的自信，甚至激起对方的逆反心理。

这种情况显然是不利于管理者开展后续工作的。因此，管理者在纠正员工的错误时，应讲究策略，对事不对人，这样才能促使员工虚心改正错误。

虽然很多企业讲究“以人为本”，主张管理者以员工需求为出发点，为员工提供一个好的学习平台和工作氛围，具备“宰相肚里能撑船”的容人之量，但这并不代表管理者就可以对其“作奸犯科”的行为举止一味地宽容。

管理者应对宽容与纵容做一个明显的划分，否则，将宽容与纵容划为对等，却不采取有效地管理措施去阻止对方的“作奸犯科”，最终只会让对方有恃无恐变本加厉，做出一些伤己伤人的行为。

认识到了这一点，管理者不妨将以上两点管理策略糅合进工作中，从源头开始杜绝“作奸犯科”的现象，一旦发现决不姑息。唯有这样，管理工作才能顺利开展下去，公司发展才能进入一个良性循环。

第6章

社交策略："深耕"属于自己的社交关系，拥有有价值的人际关系

社会是一张网，作为这张网中的重要一员，每个社会人都逃避不了社交这件事。巧借热点话题、开展有效社交、充分挖掘人际交往资源、打造属于自己的社交名片等，只要用对了方法和策略，"深耕"属于自己的社交圈、拥有和谐和更有价值的社交关系就不再是梦。

巧借热点话题的东风
与他人做交流

在社交过程中，交谈的一方若想在言语上更进一步，话题便是一个不可或缺的关键点，只有抛出一个令双方都感兴趣且独具价值的话题，才能成功吸引对方的眼球，与对方展开一段良好的社交关系。

那么，什么样的话题才能成功吸引对方的眼球呢？当然是热点话题了。所谓热点话题，其实是指短时间内的一种信息趋势与信息爆炸，并在极短时间内快速登上热搜榜，在社会上具有一定影响力且引起众人关注与热议的事件。

在社交中，为了避免冷场与尴尬局面的产生，我们便可以采用谈话内容与热点话题相结合的策略来获取对方的好感，发展自己的社交关系。

在营销学中有一个关于热点话题的升值法则：借助热点事件的传播性，造就一个能与此话题相互串联的故事，来借势宣传和保障产品的热销，从而提升自我价值。此升值法则运用在社交关系中，同样可以为我们的交谈增加筹码，提升谈话的价值。

那么，我们应该如何做才能巧借热点话题的东风与他人做交流呢？不着急，下面便是我们将要告诉大家的三点社交策略。

◆借助热点话题或热点事件活跃交谈气氛

热点话题的独特性使得它在短时间内一跃而红，极具吸引力和关注度。在社交关系中，相比于谈论大家都非常熟悉的衣食住行、工作、生活等方面，热点话题反而更容易让人驾驭，因为它包含的信息量比较广泛，无论我们如何谈论，都不会让对方难堪。

仔细观察我们生活的周围就会发现，身处这个信息爆炸流量为王的时代弄潮下，热搜与关注度是大多数人每天都会关心的事。如果我们在发展社交关系时能加以有效利用，并以此展开讨论和分析，想与交往对象产生积极的互动交流将不再是难事。

曾有社会行为学家对引起人们普遍关注的信息与流量进行了观察分析，发现每当一些重大事件发生时，便很容易出现信息爆炸，继而引发出更多的流量，而这些都是社交场合中人们最喜欢探讨的话题。所以，我们不妨借助热点话题或热点事件活跃交谈气氛，寻找发展社交关系的最佳切入点。

◆利用热点话题的普及性和传播性，避免“对牛弹琴”的尴尬局面

一般来说，能在短时间内登上热搜榜的热点话题具有一定的公众性与客观性。正因为公众性引发了热点话题的普通性与传播性，才使得它被许多人熟知。在社交关系的发展中，如果我们利用热点话题的普及性和传播性，便可以避免“对牛弹琴”的尴尬局面。

说完了公众性，再来说说客观性。很多人在社交话题的探讨中，对自己家庭、生活、工作或发生在自己身边的趣事往往会含糊其辞，言词闪烁，使人感觉不到诚意。但热点话题却不会，那些出现在官网或各大主流媒体榜首的主流信息都是经过确认的，是客观

而真实存在的。

也正是因为热点话题所具有的公众性与客观性，让其成为人们争相追捧的社交话题之一，使得交往双方能够迅速打成一片，引发情感上的交流与碰撞。

众所周知，美国苹果公司生产的iPhone系列手机一夜之间风靡全球，一度成为全球销量王。每当苹果公司开发布会宣布即将发布新款iPhone时，大街小巷人们谈论的话题便会紧紧围绕此款手机的相关信息展开，并以此话题来延伸出更多的交流与互动。

通过交流互动来穿针引线，与对方发展更近一步的关系，如果交谈愉快，双方甚至可以由陌生人演变成朋友关系。

◆利用热点话题的热度作为社交关系的突破点

我们除了利用热点话题在社交关系中活跃气氛、吸引对方的关注度外，还可以利用热点话题的热度作为社交关系的突破点，来引导对方积极踊跃地加入谈话中。和穿针引线的含蓄策略相比，利用热点话题的热度来引导对方的策略更具杀伤力与影响力。

阿里巴巴成功上市后，各大新闻媒体争先恐后向外界报导了这一喜讯。当时，恰逢有一家公司正处于融资的关键时期，为了吸引更多的投资人，这家公司负责人将目标锁定在了一位早前便有投资意向，却又一直犹豫不决的投资者身上。

他在与对方交谈时就很好地利用了热点话题的热度，来引导对方加入谈话中的社交策略。他说："阿里巴巴现在成功上市了，它就是我们公司未来的目标，接下来我们会不断壮大公司实力，登上'新三板'，成为和阿里巴巴一样的上市公司，接受行业翘楚的瞩目。"

说完，这位负责人还特意向对方递交了一份公司未来发展规划与经营预案的策划书，结果对方一改之前的犹豫不决，当场便决定注入资金为这家公司投资。

在发展社交关系的过程中，虽然热点话题有助于我们赢得他人的好感与关注度，但我们也要明白，热点话题并不是所有场合下都适用的。如果不加以区分，效果便会适得其反。

例如，在悲伤的场合、悲伤的人面前，谈论一个捧腹大笑的热点话题显然是不合适的；在热闹的场合、高兴的人面前，讲述那些悲伤哀怨的热点话题，同样也会遭致对方的厌恶与反感。因此，我们需要根据社交的场合与对象来做一个合乎情理的安排，才能避免尴尬情况的产生。

热点话题因为时效短，所以来得快去得也快。一般来说，它只有在最初登上热搜的那几天才会引发人们的关注度与兴趣，时间稍长便很快被人们所淡忘。

因此，我们若想巧借热点话题的东风与他人进行交流，就要懂得把控时机，不要等热点事件消退后还念念不忘。否则，对方就会误以为我们思想落伍，不懂得与时俱进，谈论这样的话题只是为了讨好自己，进而拒绝与我们发展进一步的社交关系。

开展有效社交，
让社交活动变得有价值

生活中往往存在这样一种现象：

有的人每天频繁穿梭于各大社交场合，不费吹灰之力便为自己和公司赚取高额利润；有的人每天忙着交际应酬，频繁与朋友互动聚餐，可除了浪费时间外，并没有为自己带来任何有价值的改变。

之所以有着如此明显的差异化，就源于社交方式的不同。很多人以为社交就是与人互扫微信、互存电话就行了，其实并不是。社交是一个人重要的生存技能之一，它和沟通一样与我们的生活息息相关。只要我们不是嗷嗷啼哭的婴儿，不是避世隐居的高人，那社交就是不得不面临的一件重要的事情。

但社交也分有效社交和无效社交，只有明白了二者之间的区别，我们才能开展有效社交，让社交活动变得有价值。

那什么是有效社交呢？所谓有效社交，就是在与他人沟通的过程中令自己感到舒适愉悦，且能顺利推进和实施自己计划和建议的一种社交关系，说白了就是能够互帮互助的社交。

而无效社交则是与三观不和、兴趣爱好截然不同且在工作、生活、精神等方面，不能为自己带来任何进步与愉悦感的人所发展的社交活动，可以说无效社交就是在白白浪费时间。

举个例子，若我们有幸参加了一个大咖级人物的知识讲座，虽然参会的人员职业、学历、经验都不相同，但出于对知识的渴望和需求，大多数人都会在课堂中积极参与讨论相关知识点，这便是有效社交。

但也有小部分人的重心并没有放在讨论知识点上，而是利用套近乎的时间狂加大咖人物的微信。即便大咖人物验证通过了，这类人也不会与大咖私底下就某些学术论文中的疑难问题开展讨论，他们只是为了以备不时之需。可这并没有带来任何实质性的用处，只会让自己成为对方微信里的“僵尸粉”而已。这种没有意义且无趣味的社交，便是无效社交。

很多人从来没有考虑过社交活动能给自己带来怎样的价值体现，所以他们看似忙碌，却没能让自己的社交活动变得有价值。无独有偶，下面案例中的陈军就是这样一个稀里糊涂，在无效社交中瞎忙碌的人。

陈军在公司人缘还不错，几乎每周被人邀约参加一些聚餐、爬山、打球之类的社交活动，偶尔还会出席公司举办的一些商务晚宴。看起来，陈军的社交活动还是挺丰富多彩的，但这些社交活动并没有给陈军带来任何实质性的帮助，反而让他有些不堪重负。

频繁地穿梭于各大交际场合的他，人累心更累。虽然在这家公司勤勤恳恳工作了五年，有过一次职位升迁，可薪资也只上涨了15%而已。其后，陈军的职业生涯就好像定型了一般，陷入了一个原地踏步走的阶段。而他日常踊跃参与的社交活动，并没有让他的职场之路走得轻松。

看不到未来的希望，但陈军并没有跳槽的打算。一来自己每个月面临房贷、车贷的压力；二来重新面临一个陌生的工作环境，还需要重新适应，如果行差踏错，便有可能将目前平静的生活全部打乱。

在此案例中，陈军虽然参加了很多社交活动，可他不懂区分有效社交与无效社交，所以他的社交没有体现出任何价值。

这其实也是很多人都会遇到的一个问题，如果对此有疑虑，我们不妨停下脚步对自己几年内的社交活动加以分析、总结，看看自己的社交活动是否有价值，从中获得了多少有价值的信息与帮助，自己的生活质量因为社交活动而发生了怎样翻天覆地的变化。

虽然按照这个方法去分析总结，答案并不标准，但我们不妨以此来自测，通过自测来做出正确的选择与判断，积极开展有效社交。只有这样，我们的社交活动才是有价值、有意义的。

当然，每个人在开展有效社交时所体现的价值都是不同的，在实现人脉积累、能力提升、完善内心等过程中，其水平也会大相径庭。但不可否认的是，很多人在积极开展社交活动时，都忽略了“无效”这个词，以至于频繁应酬收获的却是“无效”且没有意义的社交，并在无效社交的感染下，失去了前进的方向。

开展有效社交，让社交活动变得有价值。我们应该怎样做才能开展有效社交，让社交活动变得有价值呢？相信下面三点社交策略可以很好地帮助到我们。

◆首先，改变自己的心态

有些人之所以发展的都是无效社交，社交能力差，社交圈狭窄，很大一部分都来源于他们的生活方式——宅。正因为他们喜欢宅，成天过着公司、家两点一线枯燥乏味的生活，接触的人有限，所以再好的机会也轮不到他们，未来便很难有成就。

因此，我们一定要改变自己的心态，让自己的生活变得丰富多彩起来。唯有如此，我们才能改变现状，去发展有效的社交活动。

◆其次，主动了解他人的社交圈子

当然，在发展社交活动时，我们也要加以区分，哪类社交活动能对我们的人生产生帮助，哪类社交是无效的且毫无意义的。

这样，我们才能有针对性地开展有效社交，主动了解他人的社交圈子，并学习他人的优点来提升自己。另外，我们也不要忽略了从社交活动寻求有价值的信息，并利用这些信息为自己创造利益。

◆最后，参加一些有价值、有意义的社交活动

做好了前两点，接下来我们还要更勇敢一些，大胆迈出自己的脚步，多与他人打交道，并参加一些有价值、有意义的社交活动，拓宽自己的社交范围。

只要范围扩大了，认识的人自然就多了，接触的各行各业的人多了，我们便可以“取其精华，去其糟粕”，去积极开展有效社交，让社交活动变得更有价值。

想要获得社交红利，唯有深度社交不可

对于很多人来说，社交或许只是一种娱乐和叙旧的方式，约上三五个好友喝茶聊天，谈谈余生过往，这样的生活方式也算得上舒适惬意。抱着这种生活态度，这些人每到一个全新的环境就会不停地结交新朋友，并乐此不彼。他们从不理会新朋友是否愿意与自己进行深入的交往，在他们看来只要在百无聊赖时有人陪自己消磨时间便好。因此，他们乐意并享受这种交浅言浅的社交状态。

但这个世界上，并不是所有人都愿意这样虚耗光阴，将时间浪费在没有意义的交往上。对于那些勤奋上进的人来说，社交不仅仅是结交更多的人，更是可以通过社交关系的拓展来丰富自己的人生阅历，获取更多的人脉资源，提升自己的思维能力。

通过社交关系的拓展，我们可以认识很多人，从他人身上学习一些优势与长处，获得更多解决问题的方式方法。

当然，也有人担心“人在江湖漂，怎能不挨刀”，拓展社交关系会让自己“明枪易躲，暗箭难防”，受到伤害。但很快他们又对这种没有依据的担心予以了否定，并自我安慰：多个朋友多条路，朋友多了路好走。

可“理想很丰满，现实很骨感”，身边大量事实证明，在关键时刻挺身而出救我们于危难之时的朋友必定是那些深交的朋友。原因很简单：相识满天下，唯有真正深入交往的朋友才会不离不弃，一直陪伴在我们身边。

因此，我们若想在社交中发展更多的友谊，让自己拥有有价值的人际关系，唯有深度社交不可。纵观社会上那些成功人士，无一不是与自己的社交对象进行着深入的交往，因此他们才能从交往中获利，为自己的成功之路做铺垫。

青年企业家扎克伯格经常利用业余时间去和那些大学教授就某一方面的问题进行深入的交谈与探讨，并通过深入社交中所了解的知识与技能提升解决问题的能力，借此弥补自己的不足之处。

微软创始人比尔·盖茨经常利用闲暇之余宴请一些青年企业家，参加自己举办的各种社交活动。很多人对此不解，认为比尔·盖茨作为一个成功且富有的人，根本没有必要通过这种方式去发展社交，但比尔·盖茨却并不这样认为。

在他看来，那些青年企业家的创新思维模式都是值得借鉴和推崇的，自己从他们身上可以学到一些时尚潮流的最前沿知识，并把这些信息运用到公司未来的规划中，这无疑是百利而无一害的。

除了以上几种深度社交的策略外，还有一种便是对人力资源的良好运用。当我们通过发展深度社交来认识更多的人时，就等同于为自己积累了一定的人力资源。若我们懂得利用这些资源，便可以为自己未来的生活与发展谋取更高层次的利益，而这也是深度社交给我们带来的最大优势。

提起位于杭州西子湖畔的“湖畔大学”，很多人都会心向往之。除了“湖畔大学”是马云、柳传志等九位企业家和著名学者共同发起创办的大学外，更重要的是学员全部都是来自各行各业的商界精英。能够进入“湖畔大学”，也就代表着拥有了更多的机会去发展深度社交，认识和接触这些精英朋友们，从他们身上学习成功的经验，获取更多的资源。

试问，一个人若拥有了这样大好的资源，还愁学不到真功夫吗？

曾有社会学家通过调查分析得出结论：一个人想要成功，除了具备15%的智商与勤奋努力外，剩下的85%皆来源于自身的社交关系，这其中又以深度社交最为可靠与实用。毫不夸张地说，深度社交是促使我们将社交关系转化成人力资源的重要组成部分，只要拥有了更多的人力资源，想要成功便指日可待。

罗成虽然毕业于上海复旦大学，踏入职场后兢兢业业，工作能力也很突出，但工作几年的他却依然是一个普通的小职员，并没有得到领导的重用。

有一次，恰逢某公司的经济顾问周莉到罗成所在的城市举办交流演讲，罗成便前去观看了此次演讲活动。当时在场的人很多，周莉的演讲内容也很吸引人，所以现场多次爆发出雷鸣般的掌声。

听了周莉的演讲，罗成有一种茅塞顿开的感觉，他感叹自己“听君一席话，胜读十年书”。虽然如此，但罗成对周莉在某些方面的一些观点并不完全认同，因此他在台下直接提出了异议。质疑的话一出口，罗成便遭到了众人的嘲笑，但周莉在认真听取了罗成的观点后，一脸微笑着说：“这个话题很有趣，值得进行深入的探讨呢！”

演讲结束后，周莉就罗成提出的不同观点，与其进行了深入的探讨与交流。她发现罗成思维敏捷，见解独到，原以为他是某企业的高管，一番了解后才知道罗成只是一个普通的小职员。

一个小职员竟然有如此见地，使得周莉对罗成更为敬佩。经过此次深入交谈后，二人便互留了联系方式，并经常就某些有歧义的问题进行探讨与沟通。

一年后，周莉所在的公司缺一个管理层的职位，她便主动向公司推荐了罗成。而罗成也确实不负重望，进入新公司后，凭借自己敏锐的目光与独到的分析、规划能力，将工作完成得又快又好，将部门的业绩做到了遥遥领先。

罗成的人生轨迹之所以发生这般翻天覆地的变化，得益于周莉的大力推荐，而他与周莉由陌生人发展成朋友，便源于那场演讲后的深度社交。

人与人之间只有通过深度社交，才能确定哪些人值得自己付出时间与精力去交往，才能从中寻找到志同道合的小伙伴。一般来说，深度社交后建立起的友谊，要比那些泛泛之交的关系更稳定、更牢固，因为人们通过深度社交后便会清楚明了地知道，哪些与自己更投缘，更值得自己用心交往。

想要获得社交红利，唯有深度社交不可。很多企业领袖、行业大咖等成功人士便十分看重深度社交背后所带来的红利，因此他们会把深度社交当作一项重要的工作来认真对待。如果我们也能像他们一样，管理并优化自己的社交模式，便可以从深度社交中获取更多的能力、信息与资源。

知晓了深度社交对我们产生的帮助后，在日后的社交活动中，我们便要全神贯注，在深度社交中投入更多的时间与精力。唯有如此，我们的社交活动才会变得有成效、有意义。

积极拓展人际关系，让资源势不可挡

在这个充满多元化的时代下，社交关系的发展并不是一成不变的，也可以像琳琅满目的商品那样丰富多彩。只要我们运用合适的社交策略去拓展自己的人际关系，便可以在复杂多变的社交圈占得一席之位，拥有更多可有效利用的资源。

人类是“群居动物”，自然也是需要朋友的。正因为结交朋友可以收获安慰，得到帮助，所以人人都渴望自己交到更多的朋友。可什么样的社交圈才能给我们带来帮助呢？如何做才能让朋友圈丰富多彩起来呢？

人际关系大师哈维麦凯曾就社交关系提出过一个很犀利的问题：“如果凌晨两点，当你急需要70万元，你有多少个朋友会不问理由、二话不说、迅速到银行汇钱给你？”

问题虽然直接犀利，却是一个最直观的事实，它清楚表明了人际关系在社交中的重要性。关于这点，社会学家博恩·思希曾提出了一套著名的1：25裂变定律：人们可以通过社交场合中结交的某一人，再认识另外的25个人。在西方商业界，这套裂变定律曾被人们广泛地运用于营销行业中，以此来发展更多的客户。

就连美国前总统西奥多·罗斯福也说："成功的第一要素是懂得如何搞好人际关系。"由此可见，只有良好而融洽的人际关系才能让我们与他人互惠互利，也只有积极的拓展人际关系，让资源势不可挡，我们才能从资源中寻找到更多的人脉与成功的契机。

具体如何做，我们不妨参考以下几点拓展人际关系的社交策略。只要策略运用得好，又何愁没有资源呢？

◆提升自己的价值

每个人拓展人际关系的最终目的，便是互惠互利。即使利益不是最紧要的重点，人们内心却还是愿意与那些能够给自己带来帮助的人交往。因为人际关系的长久与否，最终还是离不开利益的支撑，所以，提升自己的价值便是重中之重。

◆主动出击，打破沉默

在成长的过程中，我们会认识并接触到许多人，即使很多人只是点头之交、一面之缘，但只要我们有心，能够把握拓展人际关系的机会，便可以从中寻求到更多的资源。

而这就要求我们主动出击，打破沉默，勇于与他人打招呼，只有变被动为主动，方能一步一步通过交谈来拓展出更多的人际关系。

◆乐于和别人分享

从小时候起，身边的大人便会不断给孩子强调分享的重要性，这是因为懂得分享的人，舍小利赢大利会在后期收获更多。

正如会做生意的潮汕人所说："赚钱的名目与途径非常多，一个人再怎么辛苦努力也无法把所有的钱都赚到自己口袋里。"秉承这样一个原则，所以潮汕人在做生意时，从不吝啬于把自己的经验与同乡分享，因为他们坚信乐于和别人分享的人，最终一定会收获福报。

◆从身边开始挖掘和积累

想要拓宽人际关系，让手中的资源为自己谋求更好的发展，我们也可以从身边熟悉与亲近的人开始。一个人只有与身边的亲人、同学、同事、同乡之间融洽和谐交流了，才能像裂变定律所说的那样，认识更多的人，扩大自己的社交圈。

易凯资本有限公司首席执行官王冉曾对此问题发表过自己的观点，他说："不一定是同班同学，也不一定睡上下铺，但只要是一个学校毕业的，就会有一种亲近感。现在同学之中很多人已经在各自的行业里逐渐进入角色，这个同学网络就成了非常宝贵的资源。"

就像大家熟知的阿里巴巴创始人马云，最初创业时也是从身边开始挖掘和积累自己的人际关系的，就连他创业的第一笔资金也来源于亲戚、同学和朋友的帮助，有些朋友更是跟随他一路历经坎坷与磨难，即使收获如今的辉煌也始终不离不弃。

◆参加培训活动是有效的交际途径

一般来说，培训活动除了学习知识、掌握技能外，还有助于我们结交到各行各业的人，打造出一个另类的社交圈。

例如，在一些企业高管的培训班中，不乏各行各业的精英人士，若有幸与他们成为同窗，不仅可以结交到一些平时接触不到的人，还可以增长见识，捕捉商机，提高社交水平，可谓是一举多得。下面案例中的余波就是这方面的受惠者。

余波是某企业的中层领导，这几天他报名参加了某大学举动的

EMBA培训，在这个特训班里，学员基本上都是各企业的中层领导，且有着多年的管理经验。余波坦言：参加这个课程的目的除了学习知识外，还想借机从这些商界精英的身上学到更多的管理经验与理念，并与他们建立起良好的人际关系，获取更多的有效资源。

◆积极接纳朋友的朋友

人们每天都会遇到形形色色的各类人，可大多数人只是在茫茫人海中匆匆一瞥便擦肩而过，可能连点头之交都算不上。在这种情况下，要想拓展社交圈就会变得很难。

此时，我们不妨从有限的朋友中去寻求发展，积极接纳朋友的朋友，哪怕只是认识而已，我们也可以主动出击，去关心问候对方。长期的积累下来，我们与对方的关系便可以完成一个由量变到质变的过程，并以此为延伸，拓展更多的人际关系。

因人而异，
让社交风格受到众人的喜欢

在任何一场社交活动中，语言起着决定性的作用，如果在交谈时语言方面产生了障碍，想让社交活动变得更进一步，恐怕很难。

例如，说英语和说中文的人无法顺利交谈，因为交谈的双方语言系统存在差异；活泼开朗的人和内向沉闷的人交谈，气氛便会略显尴尬；学识渊博之人与胸无点墨之人交谈，便会出现“牛头不对马嘴”的糟糕情况；温文尔雅之人与粗野庸俗之人，想要和谐交谈无疑比登天还难。

之所以出现这样的情况，就在于语言系统、模式、风格的不同造成了这种尴尬局面的存在。这也是为什么有的人在社交活动中与他人说不到一个点上，难以与他人发展融洽的社交关系的原因。

就比如，学识渊博的学者向胸无点墨之人请教一些田间管理知识，且对方也热情地答疑解惑时，恐怕他们之间的交谈也很难融洽地进行下去。为什么呢？因为此处还关乎“经验”二字。为人处事，每个人都会将自己的经验作为参照依据，胸无点墨之人会根据多年田间地头的经验来讲解，而学者会根据自己的理论经验来加以分析。如此一来，“公说公有理，婆说婆有理”，又如何发展融洽的社交关系呢?

经验的概念非常广泛，不仅有为人处世的经验，还有学习、工作、感情、思维等方面的经验。无论是来自哪一方面的经验，人们都会不自觉地将经验转化成自己的社交模式和风格，并运用到社交关系中。即使面对的是同一件事情，由于模式和风格的不同，产生的影响也会不同。

例如，当我们在社交场合中与人描述关于海上军舰的大小时，如果想比拟其实际长度，我们便要放弃自己一贯的经验之谈，因人而异与人交谈。在对城里人描述时，便要说它有三个篮球场那么大；在对乡下农民描述时，便可以说军舰有半个村庄那么大。

因人而异，让社交风格受到众人的喜欢。如何才能做到这一点呢?以下两点社交策略值得大家借鉴。

◆投其所好，按他人的语言风格来进行深入的社交

在前行的道路上，每个人都会经历一些事，并根据事情的经历形成自己独特的经验之谈。但在社交中，一个人若想与他人产生互动，发展更进一步的社交关系，就要试着忘却自己的经验之谈，因人而异变换自己的语言风格和模式，唯有这样，才能被所交往的对象理解与接纳。

换句话说，就是告诉我们，若想与他人进行深入的社交，就要投其所好按他人的语言风格来交谈，来发展社交关系。如此，社交关系才能建立在一个和谐平等的基础上，为接下来的深入交往做成功铺垫。否则，只注重自身感受，却忽略了对方的理解与接受能力，那这场社交活动便可能因此而终结。

◆了解他人心理需求，将表达方式转化成对方所能接受的方式

除了在社交中迎合他人的语言风格外，我们还要换位思考去了解他人的心理需求，将表达方式转化成对方所能接受的方式，这样才能得到社交对象的认可，我们的社交才能凸显出意义。

有两位销售代表下到乡镇向农户推销公司生产的农用机器。为了吸引更多的农户来参观，激发他们的购买欲望，两位销售代表各自搭建了一个展示台，向前来围观的农户介绍自家公司产品的优势。

销售代表甲说："各位父老乡亲请看，我今天所带来的机器是目前市场上同类产品里性价比最高的，就像我面前的这台拖拉机，已经达到了20马力的速度，而且它的发动机是德国原产制造，犁片是美国进口，整体性能皆比同类产品要强很多。"

甲大肆宣扬拖拉机零配件优势，讲得也是声情并茂，可老乡们关注的点显然并不在性能和参数上，因此他滔滔不绝说了半天，但一台机器也没有销售出去。

反观销售代表乙，他的销售方式则和甲完全相反，他并没有从产品性能和参数方面进行介绍，而是指着耕地的机器对围观的人说："大家可别因为这台机器小巧就瞧不上它，要知道它的犁地效率可是杠杠的，干起活来可顶上三头牛呢！而且又不用放牧吃草，关键价格还实惠，只需要一头牛的价格，乡亲们，这玩意儿可真是价廉物美呢！"

说完，他又对着旁边一台专门剥玉米的机器对台下的老乡说："这个可就更厉害啦，有了它，乡亲们再也不用一粒一粒地剥玉米了，哪怕是满满一蛇皮袋子的玉米棒，不出一个小时就能全部变成玉米粒。不信的话，乡亲们可以把自家收获的玉米棒拿出来试试。"

销售代表乙运用风趣幽默的语言描述了产品的优势，使得很多老乡都对他的产品产生了购买意向，一个小时不到，他便销售了三台机器。

正因为乙了解了他人的心理需求，将表达方式转化成对方所能接受的方式，所以他才能顺利地将自己的产品推销出去。

在社交中同样如此，如果想让自己的社交发展顺畅，受到众人的喜欢，为自己带来更多的成效，我们便要仔细观察、认真揣摩，让自己的社交风格、语言模式融入社交对象的生活中。只有这样，我们才能以对方所接受的方式与他们产生良好互动，拉近彼此之间的距离，发展高质量的社交关系。

投入足够的情感，才能征服人心

在本节开始之前，先来看这样一个故事：

一位热衷于做慈善的企业家，多年来一直依靠自己的微薄之力资助山区贫困孩子上学。最近他计划给学校捐赠一辆校车，以更好地解决留守儿童上学难的问题。无奈，一个人的力量有限，所以他打算寻求社会热心人士和其他热衷慈善的企业家一起来解决这个问题。

可这位企业家连日来多方奔走，四处碰壁却收效甚微，每当他与那些人谈论起捐赠校车的计划时，一些人就会以此计划不切合实际为由予以否定，这位企业家为此十分苦恼。看到丈夫为此忧心忡忡，这位企业家的妻子便给他出了一个主意，建议他发起一个慈善演讲，这样或许能收到一个别样的效果。

听从了妻子的建议，这位企业家不仅邀请了很多热衷慈善与公益的人士前来参加活动，还在演讲台上向众人讲起了自己做慈善的初衷：

“两年前，机缘巧合之下我结识了一位贫困山区的孩子，发展到后来他成了我的资助对象。有一次，他给我写了一封信，并在信中说自己不想上学了。小小年纪不上学能做什么呢？我问他为什么不愿上学了，他在回信中说：‘为什么其他同学都有父母接送，而自己却没有？除了一年和父母见一次面外，每次上下学都要走很远的路，一个人走在那条路上，似乎永远也看不到尽头……’

父母为什么没能天天接送孩子？我想这里面一定有难以言说的苦楚，成人的世界里充满太多的无奈，为了生活有些人不得不外出打拼，具体原因我们不得而知。借此，我联想到了发生在自己身上的一件事。

有一次，我因为工作原因忙昏了头，结果忘记了接女儿的事。后来当我想起来时，距离孩子放学时间已经足足过去了一个半小时。当我抱着试一试的心态去学校找她时，发现她一个人泪眼婆娑地蹲在校门口的花坛边，哭得正伤心。见到我，她一脸委屈地说：‘爸爸，我不敢一个人走回家，如果在路上我被人贩子拐跑了，这辈子你就再也见不到我了。’

这次迟到在我心里敲响了警钟，此后无论工作再忙，我也不敢把这事给忘了。不仅是我的女儿，这个社会上还有很多孩子面临着同样的遭遇，尤其是那些贫困山区的孩子。交通不便，父母又常年累月在外打工，幼小的他们是如何迎着黎明的太阳、夜幕下的星星回家的呢？”

当这位企业家在台上动情地演讲时，台下很多人都陷入了沉思。活动结束后，很多人找到这位企业家，与其商议捐赠校车的相关事宜。

正是因为这位企业家在演讲中投入了足够的情感因素，才使得台下的听众内心被感染，进而主动提出了捐赠事宜。

每个人心中都有丰富的情感，一个人通过社交关系能否达到自己的目的，能够与人近距离交谈，取决于社交另一方在交谈过程中投入了多少情感。

情感投入得多，其所作所为、所思所想便能引起对方的共鸣，得到对方的支持与理解；情感投入得少，即使使出浑身解数也不一定能获得对方的认可，发展有效的社交关系。可以说，在社交关系的发展中，情感是最好的催化剂，只要情感投入到位，社交关系自然能够更进一步。

很多人时常感叹，为什么我们在社交活动中认识那么多人，却大都是点头之交呢？之所以这样，就在于有的人在社交关系中情感不够投入，与人交往时都是虚情假意。在这种情况下，社交的另一方感受不到诚意，关系自然不够深厚。

相较于生硬冰冷的言语沟通，注入了感情的社交不仅可以让对方感受到诚意，还能成功俘获对方的心理。如此简单有效的社交策略，何乐而不为呢？

投入足够的情感，才能征服人心。在社交关系的发展中，投入足够的感情，并不是让我们的语言有多么煽情，多么感人，而是让我们以一种最真挚的情感去与对方交流，在言语中尊重对方，在情感上敬重对方。即使没有华丽的词藻，只要我们把这两点作为社交策略运用到社交关系中，便能在此过程中快速征服人心。

例如，请人帮助时，有些人可能会直言不讳地说"××地方怎么走？"这话一听便显得傲慢无礼，对方自然是不会热情地为我们指路的。

"您好，请问××地方怎么走，谢谢！"虽然这种问法是比较礼貌，却有些先主为主，如果此时对方心情不好或不知晓这个地方，"谢谢"二字便可能让人有压力。

"您好，打扰一下，请问××地方怎么走，我刚来此地，还有些不太熟悉路线。"在社交活动中，这种方式无疑是最令人感到舒适与愉悦的，既给了对方尊重，又表达了自己的谦卑，对方听到这样舒服的话，自然也乐意帮忙。

在社交活动中，投入的感情多少将直接影响着语言的表达方式，而表达方式又对社交关系的近与疏起着至关重要的作用。如果我们在社交场合中请人帮忙或是想要快速达到自己的目的时，便可以利用情感的表达来促进社交关系的深入发展。

甲：“方便的话，可以帮我拿书架最上面的那本书吗？”

乙：“好的，你不喜欢看手里的这本书吗？平时喜欢看什么类型的书呢？”

甲：“我喜欢看社科类的书籍，像情感或励志类的我比较喜欢。”

乙：“嗯，这方面的书确实很吸引人，之前我也喜欢这类的，但现在我喜欢经管类的。”

甲：“看来你平时对财富、管理、投资方面比较感兴趣。”

……

虽然只是社交活动中一个小小的请求，但因为甲乙双方投入了足够的感情，使得一句简单的请求后面延伸出了更多的话题，而且甲乙双方还可以通过交谈的话题对彼此有一个大致的了解，这样一番交流下来，何愁社交关系不融洽、不深入呢？

也许有些人会不服气地说：“女人在情感方面的投入会热烈一些，男人恐怕做不到如此细致。”这话并不对。在社交关系中，情感投入的多少与性别并没有太大的关系，关键在于策略。如果我们在投入感情时，能耐心细致一些、言语真诚一些、话题丰富一些，运用这些策略去加以引导，想必与他人建立融洽的社交关系将不再是难事。

无论什么样的社交场合，丰富的情感投入都是促进社交深入的催化剂。一个人若想让自己的人际关系如鱼多水，提出的观点与建议得到他人的认可与支持，在发展社交关系时就一定要注意自身情感的表达。

只要情感的表达到位了，自然就能吸引到社交对象的注意力与关注度，接下来我们便可以施展出自己的魅力，去一步一步感染和打动对方，完成我们社交的最终目的了。

深入人心才能让对方吐露心声

擅长沟通的高手们都知道，只有掌握了沟通的精髓与秘诀，才能促使身边的人愿意与自己沟通。一般来说，他人愿意与我们吐露心声。交流互助，做深入的沟通，也许是我们善于掌控节奏，不会冷场；也许是我们善于运用幽默，能让场面不尴尬。

无论是以上哪种，只要具备了其中一点，我们便能成为一个绝佳的沟通对象，与任何人都能聊得来。

沟通看似人人都会，实则不然。如果我们只顾一吐为快，不懂得运用策略，是很难深入人心，让对方与我们愉快地沟通的。纵观世间之人，每个人都有与人沟通的欲望，可出于戒备的心理，却又吞吞吐吐不肯吐露心声，生怕遭致他人的背后打击与报复。

如果每个人都抱着这种心理去与他人沟通，恐怕沟通的时间再长，彼此间也很难相互了解。因此，想让对方放下戒备敞开心扉，就要在沟通的过程中循循善诱，将心比心，只有这样才能深入人心，让对方吐露心声。

生活中，很多人错误地以为自己具备了一张巧嘴，就能凭借“三寸不烂之舌”与他人进行良好的沟通。殊不知，再巧言善辩的人也未必能在每场沟通中赢取他人的信任与好感，如果不讲究沟通的策略，做再多的功夫也是枉然。

深入人心才能让对方吐露心声。在沟通过程中，若想让对方放下戒备，对我们“知无不言，言无不尽”，我们就要运用沟通策略去深入对方的心理。也只有赢取了对方的信任，我们才能了解对方，走近对方，从对方身上获取到我们想要的信息，并努力完善自己。

以下便是几种深入人心与他人沟通的策略，可供大家参考。

◆对语言精雕细琢并放低姿态

无论做人做事，一句恰到好处的言语、一个谦卑恭敬的态度，都能让我们在他人面前留下一个好印象。在沟通的过程中，若我们能对沟通的语言精雕细琢，并适时放低自己的姿态，便能让人如沐春风，倍感温暖，给人一种积极向上的力量。

俞敏洪在创立新东方教育集团最初的那几年，虽然也创造了不少行业传奇，缔造了一路辉煌，但他也曾遭遇过被公司其他同事排挤，甚至赶下董事长宝座的窘事。可他并没有悲天悯人，反而一直保持着谦卑恭敬的态度。

无论是在公开场合的演讲中，还是与同事们的日常沟通中、与学子们的互动交流中，无论顺境逆境，他都能淡定从容，不急不恼，与人和蔼地沟通交流。也正因为他秉承着一贯的谦和与低调，所以他才能一路走来创造佳绩，将新东方做成知名企业，并成为创业者的偶像、众人敬仰的对象。

◆深中肯綮，力争一击必中

很多人都误以为能说会道的人一定是擅长沟通的人，但其实并不是这样。一个真正的沟通高手，除了能说会道讲究策略外，还要把话说到对方的心坎里。

俗话说得好，“话不在多，而在于精”，在与人沟通时，我们只有认真揣摩，仔细研究，才能深中肯綮，一击必中，让沟通的话语更具感染力和震撼力，从而唤起对方的认同感，让我们的沟通极具影响力。

◆以对方为沟通的中心，切忌自言自语

每个人都希望自己能成为全场的焦点，抱着这种心理，有些人在沟通的过程中便不给他人发表观点的机会。他们希望以此来争取多一些发言的时间，希望自己一开口就能赢得众人的好感与赞誉。

但其实，这样的沟通压根起不到任何成效，只会引起沟通对象的反感。试想下，若我们在沟通过程中遇到的也是这样的沟通对象，内心又会是一种怎样的心情呢?

若不想遭遇这样一幕尴尬的情形，不想让沟通变得毫无成效，我们在沟通过程中就要将沟通的话题围绕对方来展开，以对方为沟通的中心，切忌自言自语。唯有如此，我们的表现才能令沟通对象满意，沟通才能收获一个令人满意的效果。

◆感同身受才能深入人心

人生在世，每个人都喜欢广交朋友，希望与朋友一起分享喜怒哀乐，希望自己的所作所为能得到朋友的认可与支持。这其实和幼小的孩子通过哭泣、发脾气等行为来获取父母的同情，成人通过抱怨、发牢骚来引起他人的关注是同样的道理。

在这种情况下，只要沟通的另一方能感同身受，给予对方安慰和鼓励的话语，便能深入人心赢得对方的好感，让对方主动放弃无理行为。

王静是一位非常有名的音乐经纪人，在业界打拼多年，她认识了许多艺术家和明星，并与他们结成了亲密朋友。

她曾坦言：“长期在聚光灯下生活并被各种荣誉和光环照耀着，这些艺术家和大牌明星们就像是一个被众人捧在手心里宠坏的孩子，一旦有些许不如意，性格敏感的他们便肆意发泄自己的坏脾气。想要近距离与他们沟通，了解他们的所思所想，我们就要深入他们的内心，并给予适当的安慰和鼓励。”

王静是这样说的，也是这样做的。在她担任某位歌手经纪人期间，这位歌手仗着自己是一线明星，便多次耍大牌，以身体不适、嗓子沙哑等借口拒绝登台表演。每逢一些综艺节目和品牌赞助厂商举办活动时，身边的工作人员便整天提心吊胆，生怕这位歌手临时变卦，留下一堆难以收拾的“烂摊子”。

可王静对这样的情况早已见怪不怪，她既不恼也不怒，而是在沟通的过程中温柔有耐心地去开导和安慰这位歌手：“我十分理解你的感受，如果你今天确实身体不适，那我马上通知主办方取消表演，在我看来，你的身体健康比什么都重要！”

听到这番温情脉脉的话，这位歌手便一脸无奈地冲王静倒苦水，宣泄着自己的坏脾气。在此沟通过程中，王静除了耐心倾听对方的牢骚外，给予对方言语上的安慰时，还以对方的心里感受为首要考虑目标，这让歌手心中十分感动。如此沟通一番后，这位歌手便不再发脾气了，转而同意登台演出。

感同身受才能深入人心，深入人心才能让对方吐露心声，这便是沟通的真正魅力所在，而这一切就取决于我们如何行之有效地运用沟通策略去实现这一目标。只要我们能将以上四种沟通策略加以灵活运用，并用心倾听，认真揣摩，想要深入人心与他人沟通交流将变得易如反掌。

第7章 职场策略：破解职业倦怠，把工作折腾成自己想要的样子

职场如战场，要想在这个战场上取得最终的胜利，为自己赢得一席之地，就必须适应职场的生存法则。赢得领导的信任、获取同事的喜爱、收获对手的尊重，在许多人看来，这一切似乎很难，但只要用对了方法，掌握了策略，一切问题便都能迎刃而解。

比薪资更重要的是自我成长

诚然，工作是为了获得高薪，让生活的质量变得更好，但在努力工作维持生计的同时，我们也不要忽略了自我成长。要知道，与赚钱相比，在工作中发挥潜力、创造自己独一无二的价值，是比维持生计更难能可贵的一件事。

人生苦短，每个人都应该将自己的价值发挥到最大化，在有限的生命中绽放光彩，不能仅仅是因为“面包”。一个人只有努力发光发热，并时刻警醒自己：比面包更重要的是拥有宏伟的目标与蓝图，如此，此生才不算白活，余生才能真真正正让自己的生活质量得到一个质的飞跃。

一个只为薪资工作的人，其工作必然是枯燥乏味的；而一个为了寻求自我成长的人则不一样，他们会觉得工作使我快乐，工作使我受益匪浅。抱着这样的工作态度去做事，其快乐的心情不仅可以传递给身边的人，其前途自然也是一片光明。

一个人若只顾眼前的蝇头小利，只为了赚钱而上班，为了维持生计而上班，自然不能全身心地投入工作状态中。抱着得过且过的心态混迹于职场，终有一天会被后浪拍倒在沙滩上，失去赚钱的平台。

虽然工作的目的最终还是为了赚钱维持生计，但与混日子坐等下班相比，抛却眼前的些许利益，将自己全部身心投入到工作中，且在工作中成长为更优秀的自己，岂不是美事一桩？到那时，又何为薪资发愁呢？只要自己足够优秀，并在领导面前展现自己独一无二的价值，薪资便会“噌噌噌”往上涨。

可惜的是，目光短浅的那些人都没能意识到这一点，更缺乏深入的理解，所以造成了很多人不为工作，只为薪资工作的这样一种现象；并在这种现象下，长年累月地做着最基层最简单的工作，整天提心吊胆，担心自己的工作被他人取代，而这便是只为薪资工作最令人可悲可叹的地方。

不可否认，薪资当然是我们努力工作的其中一个目的，但换个角度思考，若我们能以精益求精去替代得过且过，以囊萤映雪去替代不思进取，最终我们收获的可就不单单是薪资了，有可能还会获得职位上的升迁。

聪明的智者往往不会为了赚钱而工作，深谙职场策略的他们，为了提升自己的技能与水平，得到自我成长，他们通常不会计较薪资的高低，他们看重的是工作的平台与自我成长空间。因此，他们更容易成为用人单位眼里的“香饽饽”。

对待工作的态度决定着一个人的生活质量，一个人想在职场中谋求更好的发展，就不应过多计较薪资。无论薪资多与少，都要以一种乐观积极的精神面貌去工作，并为之努力，这才是一个成功人士应该具备的起点。要知道，一个人若抱着不思进取的心态，那么无论踏入哪种行业都很难得到领导的青睐。

千万别让拿多少钱做多少事的思想害了自己，在职场中，比薪资更重要的是自我成长。也只有自身得到了成长，才有足够的资本去赢取自己想要的一切。即使在目前的工作中，老板所支付的薪资水平没有达到我们的心理预期，我们也不用感到气馁。

或许是我们能力不够呢？也或许是老板还在观察我们呢？此时，我们不妨静下心来在工作中提升能力，丰富阅历，创造价值，尽快让自己成长起来。当我们可以独挡一面时，一切都会朝着我们心中所希望的方向走下去。

有些人可能会对此产生疑虑，说："我这样埋头苦干老板怎么知道呢？"不用担心自己的辛苦努力会白费，只要认真工作，勤奋努力，业绩自然能够代表一切，更何况群众的眼睛也是雪亮的，只要在工作中全力以赴，加薪自然水到渠成。

魏磊是一家制造企业的普通员工，刚踏入这行时，由于工作能力不强，薪资自然也少得可怜。可他并没有自我懈怠，而是利用空余时间潜心钻研，向同事取经，一路学习一路成长。

一年后，魏磊抱着跃跃一试的心态，向主管毛遂自荐请求担任生产部技师一职。主管对他说："想做技师没问题，但你得明白，如果工作任务不达标的话，可能还要接受降薪的处罚。"

虽然魏磊没有接受过任何技师方面的培训，也不懂得根据图纸去维修机器，只是在车间自学了个皮毛，但他并没有停止前进的脚步。因为他看重的是薪资背后带来的成长机会，即便接连遭遇了三个月任务不达标而降薪的窘事，但他还是想尽一切办法去完成任务，且一路坚持了下来。

不断地自我成长后，魏磊终于迎来了自己人生的春天。从一个普通员工做到技师之位，又从技师之位做到了副主管的位置，而薪资也相应地翻了好几倍。

后来，有一次聚餐时，主管对他说："其实我知道你当初只懂皮毛，也不会看图纸，但我还是给了你这个成长的机会。如果你只是自视甚高，接手了这份工作却三天打鱼两天晒网不能坚持下去的话，那我就会把你炒掉。"

很显然，魏磊并没有这样做，而是越挫越勇一路坚持走了下去。因为魏磊深谙职场策略之道，所以目光长远的他才能不计较薪资，只求拥有一个自我成长的机会，并收获最终的甘甜。

职场中，很多人常常惊讶于某些人的升迁速度，进公司时间短却升迁最快，可他们不知道的是，那些升迁的人虽然进公司时间短，但他们从不肯放过每一分每一秒，他们对工作热忱、认真、负责，自我成长的速度非常快。所以，积累了大量工作经验的他们才能受到领导赏识，获得职位上的升迁。

如果我们能将只为薪水工作的错误理念转化成不为薪水工作只为抱负工作，那我们也就一只脚踏入了成功的大门。一个人若目光短浅，不懂职场策略，整日为了薪资的提升而绞尽脑汁，又如何去挖掘薪资背后所带来的成长机会呢？恐怕永远也意识不到自我成长对未来所产生的重大而深远的意义。

与其整天哀怨薪资少得可怜，担心自己的位置被他人取代，还不如付诸到行动上，努力实现自我成长。只有自我成长起来，我们才能在职场中展现自己不可替代的价值，把工作折腾成自己最想要的样子。

骄傲需要资本，没资本就别张扬

求职成功，找到一份专业对口又喜欢的工作，无疑是每个求职者内心最大的愿望。可这个看似简单的愿望，想要顺利实现却不是一件容易的事。因为求职的成功与否除了能力、技能、经验外，也与面试时的言行举止密切相关。

如果求职者因为学历高、经验丰富就自恃清高，在面试官面前流露出妄自尊大、目中无人的傲娇情绪，便有可能惨遭淘汰。因为这样一个自恃清高、不懂谦卑之人，是很难赢得面试官好感，并求职成功的。

下面案例中的童路便因为自恃清高，在面试时惨遭淘汰。

童路是985大学出来的高材生，且拥有研究生学历，不仅学历高，人也长得漂亮。按正常的逻辑判断，这样的人往人才市场里一站，应该是各大企业争相疯抢的对象，可事事恰恰相反。

毕业已经大半年了，可童路依旧频繁穿梭于各大人才市场。是学历没有达到面试公司的要求，还是欠缺工作经验呢？在回答这个问题之前，我们不妨先来看一下童路的面试历程。

踏出校门初入职场时，童路给自己的职业规划是，先从基层的管理人员开始做起，再慢慢向更高层次迈进。在人才市场连日的奔波后，童路收到了某高端服饰品牌门店的面试通知。

一路过关斩将后，童路到了面试的最关键环节，做完简单的自我介绍后，面试官抛出了一个问题：“作为社会主力军的九零后，能谈谈你本人对时尚的认知吗？”

对方话音刚落，童路便冲口而出说：“这位面试官，您这不是明知故问吗？您看我今天的穿着打扮，就应该知道什么是时尚。时尚就是像我这样的潮流一派，和你们这些中规中矩的穿衣打扮相比，我就是时尚的代言人，也是最合适今天这个职位的最佳人选。”

自信满满的童路没想到，刚刚说完这番话，自己就被面试官给无情地轰了出去。

后来，面试的主考官向人事经理汇报招聘工作时曾谈及了此事，他说：“看到童路的简历和本人，印象还不错，可她说话太狂妄，不仅没礼貌还很傲娇，这样的人即便招进公司，也很难在工作岗位上稳定下来。”

童路作为一名职场新人，不懂谦卑低调却自恃清高，一入场就高调诠释时尚的定义，连带着把职场前辈损了一遍。

但其实她对时尚的认知是比较浅显的，从她的描述中便可以清晰地知道。正因为童路不懂装懂，在面试官面前卖弄自己的学问，使得面试官对她的好感降至零点，最终惨遭淘汰。

作为初入社会的职场新人，无论学历有多高、能力有多强，在面试时都要保持谦卑低调的态度。那么，我们应该如何做，才能在求职环节给人留下一个好印象呢？以下几点职场面试策略值得借鉴。

◆**注重仪态礼仪**

求职面试是一个比较正式的环节，而仪态礼仪则代表了一个人的修养与素质。面试官除了根据学历与能力对面试者进行评估外，仪态仪容也是不容忽视的一个方面。

要想在求职环节脱颖而出，求职者也要注重仪态礼仪方面，千万别让举止轻浮的不良印象影响到面试的最终结果。

◆**心理变化要有度**

一个人有自信是好事，但过度自信就会变成自负，最终演变成自卑。无论是自负还是自卑，都会成为一个人求职路上的绊脚石。

因此，在求职过程中，要掌握好自身心理变化，把握一个合理的度。既不骄傲自满，也不过度谦虚，这样才能锦上添花，为面试成功增加砝码。

◆**回答问题要不卑不亢**

在求职面试回答面试官提出的问题时，既不能快速抢话，也不能反应迟钝，应不卑不亢表达得恰到好处。除此之外，还要善于察言观色，根据周围的环境与对方的面部表情来做出迎合对方心理活动的回答。

职场中，有些人自恃过高，仗着身上的一些闪光点，自以为找工作是一件轻而易举的事，所以恃才傲物，不将他人放在眼里。可“山外有山，人外有人”，这世界上不乏许多优秀的人，如果自身没有一个傲娇的资本，就别“招摇过市”了，否则最终的结局便是淘汰。所以，求职者只有秉承谦卑有礼、勤奋好学的态度，才能在面试环节中赢得对方好感，为自己求得一份满意的工作。

你的工作态度决定你的未来生活

工作的最终目的是什么，是赚取薪资维持生计？还是一份成就美好人生的事业？维持生计也罢，成就事业也好，二者之间却有着天壤之别。

职场中，不乏一些起点相同、岗位相同，但最终结果却完全不同的情况，有的人步步高升，成为公司的骨干、行业的翘楚；有的人却原地踏步，在工作上毫无建树，在领导眼里甚至是一个可有可无的人。在工作时间上，后者虽然也同优秀的人一样早出晚归，但工作的质量却大打折扣。

为什么会出现这样明显的差距呢？其实，这都是源于对待工作的态度。态度往往是一个人内心最直观的表现，态度如何将决定着一个人工作中的状态如何。

一个人如果把工作当作赖以生存的饭碗，从工作中赚取回报来养家糊口，就会抱着拿多少钱做多少事的思想。在这种心不甘情不愿的工作状态下，对待工作没有长期的规划，未来注定是一个平庸之人。

一个人如果把工作当成未来生活的保障，期盼工作带来的稳定收入去过上舒适的日子，就只会稳打稳扎。虽然他们也能孜孜不倦勤勤恳恳，但因过度求稳就会失去创新思维，失去进取之心，最终难成大器。

一个人如果把工作当作人生舞台，想通过工作来实现自我价值，创造收益，得到他人的认可与赞赏。那么在这种目标心理的驱使下，就会不断挑战自我，去攻克一个又一个难关，去创造职场佳绩。这类人无论走到哪里，都会受到领导的赏识，都能有所作为。

有一位名人曾说过这样一句话："一个人在选择怎样度过自己的某段时间时，都是赌徒。他必须用自己的岁月做赌注。"的确，人生每一阶段的每一次选择，都像是一场无声的赌博，赌注自始至终都是每一天逝去的岁月，只不过正确的人生选择可以"失之东隅，收之桑榆"，错误的选择只会让我们"蹉跎了岁月，又蹉跎了自我"。

换言之，一个人以怎样的态度去对待工作，也就意味着他选择了怎样去对待生活。因为生活品质的高低与工作收益是完全对等的，一个懂得在工作中努力实现自我价值，为公司创造效益获得高额回报的人，其生活质量自然可以更上一层楼；一个混日子或只求温饱的人，不努力不上进，维持日常的开销都很勉强，又谈何提高生活的质量呢?

要知道，工作是每个人一生中不可或缺的一项重要任务，假如我们按照平均年龄22岁参加工作、60岁退休来计算，工作将占据每个人生命里1/3的时间。是不是很惊讶？如果在此时间段里，我们不能端正并改变工作态度，那结果可想而知，除了痛苦压抑，恐怕再无其他。

黄小美毕业后在一家单位做文员，名义上是文员，但其实就是一个跑腿打杂的，每天穿梭于公司各个部门，与不同的人打交道，还得忍受上司的催促与指责，所以黄小美打心眼里讨厌这份工作。可为了维持生计，她又不得不向“恶势力”低头。

因为瞧不起这份工作，所以黄小美从不提前到岗，她总是掐着点出门，到上班前的最后一刻才踏入公司。到公司后还来不及坐下喘口气，便被上司安排着跑前跑后地工作。去其他部门对接工作，遭到同事的冷落；去联系客户，遭到客户的拒绝……每天这样周而复始，黄小美感觉上班对自己就是一种煎熬与痛苦。

所以，她每天都抱着完成工作任务的心态去敷衍了事地对待工作，一到下班溜得比兔子还快，一到月底，便掰着指头细数发工资的日子。因此，参加工作三年，黄小美依然只是一个普通文员。

一个人若得过且过不思进取，在职场上没有一个明确的目标与规划，不主动学习他人的优点与长处，遇事不懂得反省，成天唉声叹气地说“领导刁难自己”“混日子”“过一天算一天”之类的话，那工作在他们眼里，永远都只是维持生计、养家糊口的一份差事而已。

可一旦到了发工资之时，这类人可就有些坐不住了。尤其是看着同样起点同进公司之人的工资是自己的好几倍时，脸色更是铁青得难看。当他人给予安慰与鼓励时，就会误以为他人是在嘲笑自己，进而霸气地炒了老板的鱿鱼。

可霸气过后，遭遇的却是频繁地跳槽，因为态度不端正，使得他们在哪种岗位上都做不长久。最终，事业上碌碌无为，生活上穷困潦倒。

在各行各业中，不乏一些态度消极的员工：看上去忙忙碌碌，实则碌碌无为，领导来了装装样子，领导走了繁衍了事。在这类人眼里，他们抱着能偷懒便偷懒，谁不偷懒谁就是傻子的思想去对待工作。工作时间对他们来说就是一种煎熬，熬过了今天就万事大吉，熬过了明天就一劳永逸。

一个人若抱着这样一种心态去对待工作，又怎么能提高业绩让自己变得出色呢？又拿什么去提高生活的质量呢？

美国微软公司联合创始人比尔·盖茨曾说："无论在什么地方工作，员工与员工之间在竞争智慧和能力的同时，也在竞争态度。一个人的态度直接决定了他的行为，决定了他对待工作是尽心尽力还是敷衍了事，是安于现状还是积极进取。态度越积极，决心就越大，对工作投入的心血也就越多，从工作中所获得的回报也会相应地增加。"

有付出就会有回报，哪怕回报姗姗来迟，但它终究不会辜负我们。只要我们认真对待工作，并把工作当作实现自我价值的一个平台，坚持不懈地努力，相信在未来的某一天，生活一定会微笑着迎接我们。

你的工作态度决定你的未来生活。"三百六十行，行行出状元"，只要工作态度对了，再卑微的工作也可以做到极致，再平凡的岗位也可以发光发热。

现在很多企业的月绩效与年终奖都会与工作业绩挂钩。试想一下，一个人如果对待工作敷衍了事，又如何能做出让领导刮目相看的业绩呢？正如有句话说"今天不努力工作，明天将努力找工作"，业绩不达标，加薪升职也只能是一句空谈，甚至有可能遭遇解雇的危机。

但那些认真工作，把工作当作一项事业并为之奋斗的人却不会遇到这样的情形。无论领导在与不在，工作的环境好与不好，他们都能在工作中投入足够的热情。因此，这类人无论走到哪里，从事的是何种职业，都能受到领导和同事的喜欢。

策　略

我们无法改变他人的心态，却可以改变自己的心态。若不想未来的生活黯然失色，了无生趣，不妨从现在开始改变自己的工作态度吧！

工作态度决定生活质量，心态对了，看什么都会觉得顺眼，做什么都会觉得顺心，对待工作自然能够投入十二分的热情。有了工作的热情，做起事情来才能全力以赴攻克难关，创造辉煌，提高自己的工作能力。当能力上升到一个新层次时，又何愁生活质量不能提高呢?

推功揽过，轻松赢得他人信任

身在职场，有些时候我们需要适时表现自己，但在表现自己的同时，也别忘了与同事、领导维持好一种融洽和谐的人际关系。为什么呢?

因为“有福同享，有难同当”，当我们在工作中取得了骄人成绩，享受众人对自己的肯定与赞誉时，背后也一定会有人为这些荣誉的求而不得黯然伤神，内心甚至“咬牙切齿”。所以，在同事或领导恭贺时，我们也别忘了与同事或领导一起享受这份荣誉，真正做到“有福同享”，千万不要好大喜功把所有荣誉都揽在自己身上，那样的话无异于使自己处在了风口浪尖上。

说完了“有福同享”，再来说说“有难同当”。所谓“有难同当”，并不是让我们在犯了过错后，把责任和过错都推卸给同事，而是让我们学会运用职场策略——推功揽过，与众人一起享受荣誉的同时，勇于承担一些无关紧要的小过错，这样将有助于我们在职场上快速赢得同事及领导的信任。

“推功揽过”看似碌碌无为，但实际上，这才是真正的大智若愚，它会让我们在日后的某一天收获意料之外的惊喜。

王小艳是某建筑公司采购部的一名普通员工，进入公司两年了，工作一直兢兢业业。

一次，王小艳所在的公司需要采购一批建筑工地上用的钢材，预算大概在1000万元。采购部经理经过一番深入的市场调查后，确定了一家供货商，就在临近提货那天，王小艳突然想起了公司之前采购的一批同类型的钢材，还有部分闲置在仓库里没有用完。如果把这部分闲置的钢材用起来，不仅可以缩减公司的预算，还可以清理公司的库存。

对于王小艳的建议，领导表示了高度认可，而这个建议也确实为公司节省了150万元。后来领导当着全部门员工的面表扬了王小艳，但王小艳并没有居功自傲，而是对在场的所有人说："其实我并没有做什么，这一切都是领导的功劳，是领导带领得好。"

正因为王小艳的居功不自傲，使她很快就赢得了领导的高度信任。在此后的工作中，领导无论做什么都会带着王小艳，并将自己的工作技能悉数传授给她。两年后，王小艳的领导离职时，主动向高层举荐了王小艳来接任自己的位置。

在这个案例中，我们可以看出正是王小艳的推功为自己赢得了领导的信任，并让自己的职场之路走上了一条捷径。

职场上不乏许多类似的事情，可真正能够做到像王小艳这样懂得推功的人却是少之又少。大多数人对于表现自己的机会是不会轻易放过的，甚至还会和领导、同事争抢功劳，可此举无异于"搬起石头砸自己的脚"，受到打压排挤不说，职场之路也会变得坎坷难行。

明白了这一点后，我们就要做到推功揽过，把功劳和荣誉留给领导、同事，把过错留给自己，这样对方在被我们感动的同时，也一定会把我们当作最佳的合作伙伴与最忠诚的员工。

身在职场，我们必须牢记一点，推功揽过才是让我们完胜职场的最佳法宝。只有甘当绿叶去衬托红花，我们才能以一种谦虚的姿态赢得他人的好感与信任，从而为自己的职场之路保驾护航。

推功揽过，轻松赢得他人信任。那么，我们应该运用怎样的策略去推功揽过，为职场之路谋求一个更好的发展呢？不妨看看下面的职场策略，相信会对大家有所帮助。

◆面对功劳，要懂得感恩和谦虚

现在职场讲究互惠互利和团队的力量，因此有了功劳时我们要懂得感恩和谦虚。

首先，感恩他人给予的帮助，不要理所当然地认为功劳全是自己的。即便他人给予的只是微弱帮助，但在享受荣誉时我们也要感恩他人曾经的付出。无论是口头上说一些感谢的言语，还是请人喝杯饮料、吃顿饭，这些都是感谢他人的方式。

正所谓“礼多人不怪”，只要我们能做到“吃水不忘挖井人”，一旦对方感受到我们的诚意与尊重，心理上得到了安慰，自然也不会在私底下为难或怪罪我们了。

其次，保持谦虚的态度。有的人受到突如其来的荣誉后，内心便飘飘然起来，自以为是，目中无人，甚至说话时夹枪带棒。这种情况下是很容易引起同事们的反感与集体抵制的。

因此，受到荣誉后的我们，切不可自我膨胀，一定要保持谦虚的态度，这样才能促使自己不断成长，并与同事之间和谐融洽地相处。

◆面对过错，揽过要适度，推功要巧妙

面对过错，人们内心会习惯性地以逃避和推脱来面对，虽然这可以令我们逃避掉一时责罚，但从长远看，逃避责罚的同时却失去了他人的信任与支持。

要知道信任一旦缺失，是很难再维持起来的。面对过错，我们需要做到揽过适度，推功巧妙，这样才有助于我们推功揽过目的的达成。

虽然推功揽过有助于我们在职场中赢得他人的好感与信任，但在揽过时我们也会对过错学会区分。无关紧要的、不会造成一些负面影响的小错我们可以揽在自己身上，但有违原则的或违法乱纪的过错我们则要退避三舍了。

值得注意的是，在推功时也要注意考虑对方的感受，如果对方对此功劳不屑一顾，我们也不必强推，以免引起对方的反感。除此之外，在推功时还要注意一下方式，千万不要大张旗鼓地四处宣扬，否则就失去了推功的初衷，让推功变了质。这样，自然也达不到我们推功的初衷。

总而言之，在功过面前，只要我们能将以上几点策略加以合理地利用，便可以借此拉近与同事、领导间的关系，获得他们的信任，为自己的职场之路打拼出一条平坦的大道。

低调谦逊，
职场之路才能走得更轻松

中国自古以来就是礼仪之邦，并以谦逊闻名世界。“谦逊”，不仅是一种做人的态度，更是一种大智若愚的智慧。一般来说，懂得谦逊的人，走到哪里都能受到他人的喜欢，走到哪里都能与人相处融洽。

尤其是在职场中，谦逊的态度更是有助于得到他人的提点与帮助，让我们学到很多知识与技能，获得他人的赏识，并为自己的职场之路赢得更好的机遇。

无独有偶，下面案例中的李丽就是依靠谦逊的态度，在职场发展中如鱼得水，轻松升职加薪的。

三年前，李丽还是一个初入职场毫无经验的“职场菜鸟”。踏入销售行业的李丽，一无经验二无人脉，她一筹莫展，完全不知道从何处下手。但后来她还是一路走来完成了“打怪升级”的蜕变之路，而这一切都与他的上司有着莫大的关联。

李丽的上司是一个四十来岁的中年人，白衬衫、笔挺的西装，头发梳得整整齐齐，无论何时何地见他都是一副气宇轩昂的样子。在李丽刚进公司时，销售部的业绩不是很好，为了跑客户、拉资源，整个销售部员工经常加班加点，熬夜通宵是常有的事。可奇怪的是，每次加班后同事们个个都是一副蓬头垢面、衣衫不整的糟糕形象，却唯独上司从头到脚都是一副干净整洁，精神抖擞的样子。

另有一次，李丽与上司一起到外地开发一个新业务，接连跑了十几家客户，都无一例外地吃了“闭门羹”。屡战屡败，再加上客户的嘲笑与不理解，使得李丽打起了退堂鼓，有好多次她都想对上司说 “算了放弃吧！”可转身看到上司永不言弃、毅然决然的态度时，话到嘴边她又咽了回去。

看出了李丽的失意，上司安慰她：“不要灰心，只要我们不放弃，总会成功的。”说完后，上司让李丽整理了自己的仪容仪表，调整了自己的情绪，接着又开始了下一个客户的走访。结果，令李丽没有想到的是，到了太阳落山之时，他们竟然完成了八笔订单。

对于上司在工作中表现出来的永不言弃的坚持，李丽百思不得其解，她问：“在遇到困难和挫折时，是什么让您一路走来坚持不放弃呢？”

“因为我始终坚信，胜利就在不远处向我招手，只要我再努力一下、坚持一下，便能触手可及。”

……

“以后我也要像您学习，无论遇到多大的困难与阻碍，都要勇敢坚持，永不言弃！”

与上司经过一番言辞恳切地交谈后，李丽是这样说的，也是这样做的。在之后的工作中，无论遇到了怎样的挫折与打击，她都以一种愉悦的心情和端庄得体的精神面貌呈现在客户面前，再也没有退缩和抱怨过。这种良好的工作状态，不仅让她的销售业绩“芝麻开花——节节高”，也使得上司对她刮目相看起来。

现如今，李丽早已离开原公司，成了一家知名品牌的销售部主管，但提及原上司，李丽的心中仍然充满了感激之情。她说：“正是因为前上司坚持不懈永不言弃的工作态度，让我明白了持之以恒的重要性，即使面对困难挫折，也要一如既往，勇往直前。”

正所谓“近朱者赤，近墨者黑”，在职场中，一个人的未来发展如何，不仅与身边人的影响有关，更与自己的学习态度有关。如果我们能像李丽那样，以一种低调谦逊的态度去挖掘和学习他人身上的优点，遇事不张扬、不抱怨，便能在职场之路上走得轻松顺畅。

当然，我们也要一视同仁，除了在领导面前低调谦逊外，在同事面前也要这样做。毕竟每个人都有值得学习的优点与长处，如果我们能秉承着低调谦逊的姿态去学习和请教他人，对我们的职场发展来说只会百利而无一害。

低调谦逊，职场之路才能走得更轻松。那么，我们应该如何才能做到这一点呢？不妨来看看下面几点职场策略。

◆遇事多倾听

在职场中，当领导和一些资深前辈传授一些工作技能和职场经验时，我们不妨多倾听，在听的过程中即使持有不同意见也不要随意打断别人的谈话，且保持一心一意认真倾听的态度。

◆不耻下问

对于倾听他人谈话的过程中遇到的一些疑难杂症或是不太明白的问题，我们可以在私底下就此问题主动与他们进行探讨。只要我们不耻下问，相信那些有经验的老前辈和领导也不会拒绝我们对学习的热忱之心。

◆以和为贵

“金无足赤，人无完人”，再优秀的人也会优点与缺点并存，即便是同事和领导有缺点，我们也不能在私底下或公众场合对他们的缺点大肆宣染，而应以和为贵，和气生财，这样才能让自己拥有一个好人缘。

◆建议要委婉

有些人由于性格的原因而脾气暴躁，在工作中很容易与同事产生冲突与误会，此时若据理力争，势必会将冲突进一步扩大。

在这种情况下，想让对方心平气和地倾听我们的建议，我们就要视具体情况来具体建议，并在建议时言语委婉一些，这样才能让对方心悦诚服地接受我们的合理建议。

◆受到表扬要低调谦虚

当我们做了一些让领导表扬的事情，同事向我们投来羡慕的目光并给予认可时，我们也要保持低调谦虚的姿态，并对他人的认可与表扬回应“谢谢”，此举无疑会给人留下一种彬彬有礼的好印象。

身在职场，无论是与领导谈工作，还是与同事间的日常相处，这里面都有很多高深莫测的学问值得我们学习。此时，低调谦逊便是我们玩转职场的最佳策略。只有以这样一种态度去做人、做事，我们才能发展“革命友谊”，获得领导好感，为职场铺设一条轻松顺畅的阳光大道，让我们的职场之路走得更远、更稳。

施展策略，
赢得步步高升的机会

人们常用“默默无闻”来形容那些只知耕耘却不知收获的人，并在背后嘲笑这类人太傻，只知付出而不知索取，以至于在职场中与升职、加薪无缘。为什么会这样呢？真的是这些人傻傻地不想升职、加薪吗？

其实，并不是这样，而是他们不懂得运用策略在领导面前展示自己的才能，不懂得如何做才能引起领导的刮目相看，所以才会造成这种“默默无闻”的尴尬局面。

我们可以假设一下，当公司有一个升职的名额时，他会率先考虑谁呢？当有加薪的名额时，他是否能想起自己呢？如果答案都是否定的，不妨回头看看自己是否具备了足够的实力，假如实力雄厚却每每与升职、加薪无缘时，那便是缺乏表现的机会了。

认识到了这一点，我们便要使出浑身解数在领导面前展现自己的实力，这才是我们此刻最需要做的事。

陈浩是某公司生产部的一名普通员工，转眼间，他来到目前供职的这家公司已经五年有余了。由于自身学历有限，因此他只能在普通岗位上从事着最没有技术含量的装配工种。

虽然学历限制了陈浩的发展，但陈浩却有一颗不肯认命的心。利用工作以外的闲暇时间，他报名参加了一些课程，并在网上买了相关的参考书籍，学习了一些机械自动化改造与编程方面的知识。

有一次，公司生产部举办了一个知识竞赛，并设立了奖项，规定只要是生产部的员工都可以踊跃报名参加。虽然报名参赛的人基本都是高学历、有技术的人，但这丝毫没有阻止陈浩的脚步。

陈浩的参赛作品是一副机械流程的详细改造图，这副作品一经亮相，就闪亮了在场所有人的眼睛。尤其是公司的那些领导，纷纷感叹："一个生产线上的普通员工怎么有如此才能，制作出这样高难度的改造图呢？"

抱着半信半疑的态度，领导们在私底下与陈浩就改造图进行了一番深入的探讨。结果，陈浩分析得头头是道，这不禁令在场的领导们瞠目结舌。

……

借此机会，陈浩不仅向领导们展示了自己的才能，还趁机说出了一些对公司具有建设性的意见与建议。听完陈浩的表述，领导们一致认为，生产部普通员工的岗位埋没了陈浩的才能，抱着爱才惜才的态度，领导们决定将陈浩提升为生产车间技术主管，负责技术改造的相关事宜。

不难发现，陈浩之所以能够受到领导的赏识与认可，除了他日常累积的经验与技能外，还源于他找到了一个恰当的机会，所以才能顺利地脱颖而出。

身在职场，有些人只顾默默无闻地努力，既不争功名利禄也不抱怨，他们总是天真地以为"是金子在哪里都能发光"。可是，过于被动而不知施展策略去争取，只会让自己的升职、加薪之路被无限期延长。

无论是默默无闻的这类人，还是有真才实学却没有得到重用的人，想在职场上谋求更高层次的发展，我们便要寻求机会在关键时刻闪亮登场“一鸣惊人”，如此才能给领导耳目一新的感觉。

施展策略，赢得步步高升的机会。那么，我们应该如何做，才能在领导面前出色地表现自己，为自己赢得升职、加薪的机会呢？不妨参考下面四点策略。

◆注意个人形象

在职场中，个人形象是留给他人的第一印象，包括穿着、打扮、说话等方面。除了这些以外，能否超额完成领导安排的工作，能否主动遵守公司的相关管理制度等工作中的表现，这些反映着个人形象与修养的方方面面，也要加以注意。

◆做一个务实的实干家

有些人总喜欢当面一套背后一套，领导不在面前时，便态度散漫敷衍了事；领导在面前时，便积极热情地抢着表现自己。殊不知，领导之所以成为领导，自有他的过人之处，如果我们偷奸耍滑，只想做一个乐于表现的“花瓶”，迟早有一天会在领导面前露出原形。到那时，我们又何地自容？

与其这样，不如脚踏实地地做一个务实的实干家，即使勤劳刻苦的我们还没有得到领导的赏识也没有关系，只要认认真真做好每一件事，不偷奸耍滑，不阳奉阴违，自然能得到领导的青睐。

◆爱岗敬业

爱岗敬业主要表现在以下三个方面：

第一，对自己的工作敬业，并具备坚持到底的决心与勇气；

第二，对工作加倍地努力，且注重效率与方法，使其能够达到一个事半功倍的成效；

第三，寻找合适的机会表现自己，在能干、肯干的同时也要巧干。

◆表现的同时也不要忽略本职工作

每个公司在招聘员工时，都是本着把公司做大做强的原则，期盼员工能够在自己的岗位上发光发热，为公司创造一路辉煌。

可惜的是，有些人进入职场后却没有认识到这一点，以至于本末倒置，为了在领导面前表现自己却忽略了自己的本职工作。他们以为这样就能讨得领导欢心，获得升职加薪的机会，但实际上升职加薪最看重的还是一个人的工作能力，本职工作都做不好，表现再好也是枉然。

当然，除了本职工作外，我们也需要提升自己其他方面的技能，只要全面发展不断进步，再加以表现的机会，我们才能真真正正地让领导刮目相看，获得步步高升的机会。

运筹帷幄之中，决胜千里之外